折疊者思維

設樂悠介

各界好評推薦

（以下按首字筆畫序排列）

我們都認為成功就是站在舞台上，成為那個用創意引爆熱情的人。卻忽略了再棒的創意，若無法落地執行，也只是一場空想。本書作者讓「折疊者」，一群運籌帷幄確保創意得以發生的工作者進入世人的視界，再次提醒工作者成功沒有捷徑，在職涯發展的起點確實打好基礎，加強執行能力，先把自己折起來，待得適當的時機，蓄積好能量再攤開。

——白慧蘭（台灣微軟消費通路事業群資深產品行銷協理）

就像提姆庫克不只當營運長時與賈伯斯合作無間，繼任執行長也成功把蘋果帶上巔峰。「折疊者」除了有極強的實務執行力，論前瞻與創新也是一流。看本書為你解析「折疊者」之道。

——李全興（老查／數位轉型顧問）

教你把狂點子實踐變成眞企業的實戰力好書！在矽谷，我們最常說的就是：「點子不値錢！」獨角獸不是靠「好點子」成功，而是透過不斷嘗試、修正、實踐才站上世界舞台，背後就是那些有執行長的視野和創意，又有第一線執行力和對消費者深入了解的人才。

——矽谷阿雅（矽谷AI新創Taelor執行長、前臉書產品經理）

折疊者，代表能穩健將創意與策略執行下去的能力。也是一直以來我所推崇的幕僚能力，這個時代光有創意是不行的，你還需要擁有能讓事情聚焦，讓事情發生的能力。

折疊者思維，値得大家好好體悟並學習。

——游舒帆（商業思維學院院長）

混種工作時代來臨，誰能想像從事美術設計的人，不僅要會修圖，可能還得了解拍照、錄影，甚至是燈光。在這工作混雜難以清楚劃分的年代，工作者不得不因應工作與主管（攤開者）多元的需求，齊備多項工作技能，才能應付多樣多元的工作挑戰。尤其，想要做出理想的成果，團隊合作必然重要，擁有能確實執行的能力，自然也有機會成爲團隊的加速器，爲團隊協作實質產生助力。

而在這人人都可以是媒體的時代，參與社群互動，獲得注意引起人們的討論，其背後可能需要更多的工作脈絡、觀察能力、執行力度，才能撐起在網路社群上的一片天。綜合來說，驅動自己的動機，佐以更多的技能去完成攤開者的目標，會是未來在企業之中，最核心的競爭關鍵，也是成爲折疊者的必經之路。

——織田紀香（諾利嘉股份有限公司總經理）

攤開包袱巾

（大風呂敷を広げる）

「說話或做事不切實際，說大話的意思。」

（出自《廣辭苑[1]》）

折疊包袱巾的人[2]

（風呂敷畳み人）

「將經營者或專案領導人天馬行空的想法規劃至可行的地步，並且穩步實行的人。有時是團隊的領頭羊，有時也是玩家，是各種角色變換自如的第一線商務人士。他是領導者身邊的軍師或得力助手，深受各部門及客戶的信賴，是推動專案不可或缺的人物。」

（出自《折疊包袱巾的人廣播電台》）

---

1 譯注：《廣辭苑》是日本有名的日文國語辭典之一，由岩波書店發行。

2 編按：「折疊包袱巾的人」（風呂敷畳み人）是相對「攤開包袱巾」（大風呂敷を広げる，意指說話或做事不切實際、說大話）在《廣辭苑》的意思而言，本書提到的《折疊包袱巾的人廣播電台》節目中，稱作者爲「折疊者」，指讓創意聚焦、穩定執行的人。

前言

「你眞的在做自己想做的工作嗎？」

如果有人這樣問，你會怎麼回答呢？

我是「幻冬舍」出版社區塊鏈專業媒體《新經濟》（あたらしい経済）的總編輯，以及電子書業務、內容行銷等多種新事業的負責人暨圖書編輯。我也兼任出版漫畫的幻冬舍Comics（幻冬舎コミックス）及群眾募資出版的「EXODUS」公司與數間相關公司的董事。

個人活動方面，我透過語音媒體「Voicy」，以《折疊包袱巾的人廣播電台》為主題，為商務人士提供穩步實行工作的竅門。除此之外，我也有幸登上講台、參與節目演出。最近則是擔任上市公司經營新事業的顧問。

或許有人認為，我肯定是在特殊環境下培育出來的頂尖人物，才能在各家公司擔任高階主管及顧問。有人這麼想，我倒是很開心。不過，我只是個平凡的上班族，這可不是自謙之詞。如果拿開頭的問題詢問年輕時候的我，恐怕會回答：「我在做自己想做的工作。」但是累積各種經驗後，現在我可以說：「我沒有在做自己想做的工作。」

我來自鄉鎮，生長在一般家庭，畢業自一般的大學，當年畢業後進了一間名不見經傳的公司，就此成為社會新鮮人。

我踏入社會後所做的事，便是虛心向前輩及上司學習工作的行進方式，**具體實現眼前的工作**。雖然單純，但是我腳踏實地堅持到底。這段期間，我一面思考如何提高工作的熱忱，一面努力工作著。

踏入社會的第一份工作並不是我想做的。而且還是我最不想做的工作。

跳槽到幻冬舍之後，也不可能馬上就能做自己想做的工作。但是我依然堅持悉心做好每一件工作。年輕的時候當然也希望早一點出人頭地、早一點做自己想做的工作，可是我不會想要走捷徑，而是先全力以赴做好眼前的事。

久而久之，交辦給我的工作慢慢接近「想做的工作」了。我也一步一步往上升，多了不少前輩與夥伴、下屬。我就在不知不覺間，發現自己已經在做想做的工作，過著忙碌又充實的日子。

我現在樂在其中地做自己最喜愛的工作，個人活動也安排得十分充實。做任何事情同樣充滿期待，所有一切都能讓我學習與成長。

爲什麼我以前無法做自己想做的工作、如今卻能如願呢？回顧過往，我認爲是自己選擇了「折疊者」的工作方式。

當我腳踏實地做著眼前的工作，身邊的人終於認可我是個「折疊者」。「折疊者」是自創的詞語，比喻將不著邊際的商務創意規劃至可行地步的人。如本書第六頁所說的，意指穩步實行並具體實現經營者或上司的天馬行空想法的人。

我深深相信，**能夠做自己想做的工作的最佳途徑，就是學會折疊者的技術（＝折疊技術）**。

這本書集結了我工作二十年來反覆經歷眾多失敗與微小成功所學到的訣竅。

市面上出版了不少商務書籍與自我啓發書籍。除了書籍以外，網路上也有許多對工作有益的訣竅，以及先驅者的成功故事。這些內容如果是書籍，大多設計包裝得十分吸睛，令人不禁想買一本；如果是付費的網路媒體，也會讓人心甘情願掏腰包；若是免費的網路媒體，就會「加點猛料」賺取點閱率。「在最短時間內達到○○！」「任何人都能輕易上手！」我們身邊正充斥著這類訣竅與震撼人心且戲劇性十足的故事。

此外，如今個人可透過社群媒體（SNS）自由發聲，不必親自出馬搜尋，也會有眾多資訊送上門。更早之前，自己只能與公司內部或業界同年齡層的人們、上過媒體的優秀明星人才相比。自從有了社群媒體，雖然可以從周遭接收到眼花撩亂的訊息，但我覺得也容易使人們感到焦慮。

置身資訊氾濫的時代，最危險的莫過於急於求成而什麼都想沾。若是被書籍或網路報導、其他許多人的行動牽著鼻子走，做任何事情全都半途而廢，絕對不會有成就。這樣不就像嘗試各種流行的瘦身法，結果一直瘦不下來的人一樣嗎？

你想要事業有成，想做自己喜歡的工作，千萬不要受到氾濫成災的耍小聰明似的訣竅或加油添醋的故事所影響，**而是要確實打好商務的基礎，加強自己實行工作的能力**。想要做到這一點，**最重要的是在適當時機勇於挑戰**。

人們常說「要三思而後行！（Leap before you look!）」但是只有極少數人是經過三思後獲取成功的。他們是幸運的一群人。也有人說，人生只有一次，所以要勇於挑戰；但我認爲，**正因為人生只有一次，更需要深思熟慮後再來挑戰**。

這本書是爲了讓你在最佳時機勇往直前而寫的。書裡囊括各種可鍛鍊紮實基本功的商務訣竅，當時機到來，便能站穩腳步，一飛衝天。這不是內容最少最淺顯，也不是震撼人心且戲劇性十足的商務書，但我非常有自信，這是一本對你最有幫助的「最佳」商務書。

在最佳時機遇到最想做的工作之前，但願這本書能常伴你的左右，幫助你在工作期間創造莫大價值。

設樂悠介

目錄

第2章

折疊者思維的第一步：認同

第3章

折疊者的團隊建立與管理術

第4章

善於溝通是折疊者必備的工作技能

第5章 折疊者人才能成為最強大的「攤開者」

第1章

實現創意的「折疊者」比發想者更重要

「折疊者」是穩步實行專案的重要存在。本章將爲各位介紹「折疊者」在工作中所扮演的角色，以及這個時代爲何需要「折疊者」，還有選擇當「折疊者」的優點。

掌握「折疊技能」，它必定會是你在工作中的重要助力。

若是按《廣辭苑》中所定義的「折疊包袱巾的人」（風呂敷畳み人）而言，可將商務領域中提出「天馬行空想法」的經營者或上司稱爲「攤開者」，我在本書想要定義的「折疊者」，便是指具體實踐工作創意，並且穩步實行的人。這樣的人可以說是**領導者身邊的「軍師」或「得力助手」**。

如果攤開者是將工作創意從無到有生出來、也就是「0→1」的人，折疊者的工作就是將1變成10或100。

以公司裡的角色來說，執行長（CEO）是攤開者，營運長（Chief Operating Officer，COO）就是折疊者；如果是公司內部的新事業，專案領導人是攤開者，從旁予以協助的現場人員、以及居中與領導者聯繫的NO. 2人物就是「折疊者」。以足球的配置來比喻，便是掌握攻守關鍵的防守型中場[3]。只要想想前日本國家足球隊成員長谷部誠與現役日本國家足球隊成員柴崎岳的位置，應該較容易理解。

具體來說，折疊者的職責就是待在身爲攤開者的老闆或專業經理身邊，就近與他們一起組織創意、擬定各項實現創意的策略、成立並培育團隊、協調公司內外溝通，同時帶領整體業務邁向成功。

時下潮流往往只將掌聲給予攤開者，不吝稱讚「催生創意的人非常了不起」，但我覺得穩步實行創意的折疊者，也與催生創意的人一樣了不起，甚至更難能可貴。

著名的美國經營學家彼得．杜拉克（Peter F. Drucker）也說過：

3　譯注：Volante，或稱爲後腰。

「策略是平價商品，執行力乃是藝術。」

（Strategy is a commodity, execution is an art.）

杜拉克的意思是說，工作上的創意與策略猶如消耗性的平價商品（日用品），實現創意的執行力才是具有藝術價值。

在此借用杜拉克所說的這句話，意思是指工作的眞正價值取決於**「如何實現創意與策略」**。創意唯有在具體實現時才有意義，**這就是商務的重要關鍵**。

從這一點來看，負責具體實現創意的「折疊者」，可說是商務領域中的要角。不僅如此，這項將商務創意具體實現的「折疊技能」，也是大多數商務現場不可或缺的重要技能。

培養折疊技能，便是打好工作協調能力的紮實基礎。有了紮實的基礎，自然會在漫長人生中遇到許多工作上的良機。

本章將爲各位詳細解說「折疊者」的「折疊技能」何等重要、何等難求。

為什麼「折疊者」如此重要？

成立各項新事業是我平時的工作，因此有機會接觸眾多經營者或專案領導人。他們常跟我說，最大的煩惱是：「就算想到了絕佳創意，也很難順利推動專案。」意思是說，即使提出了創意，也很難從團隊中找出能夠具體實現創意的成員。

另一方面，我也常聽到第一線人員的煩惱：「不知道該怎麼推動專案。」「每次詢問，（上面的）意見都變來變去的，沒辦法實行。」換句話說，應該站在第一線的實行部隊，卻**缺乏將創意具體實現的實行能力與經驗，甚至連坐鎮指揮的人才也不足。**

商務領域中，將創意具體實現的過程會產生許多業務。

業務多寡視專案內容而定，包括編列預算、召集公司內外部的成員、規劃行程、視情況籌措資金、確認法律及相關規定，接著也需要擬訂具體實行的綜合策略。策劃創意的攤開者想要一手包辦以上事項，無疑難如登天。

正因爲如此，對於想將構思的創意付諸實行的經營者或領導者來說，能將繁瑣工作穩步實行的「折疊者」何等可貴。折疊者有能力穩步實行停滯不前的專案，所以我認爲他們可說是**任何企業都想網羅、具備即時戰力的「明星人才」**。

事實上，自從我被稱爲「折疊者」，經營新事業的企業或剛起步的經營者便常來找我諮詢，盼能延攬折疊者。

此外，根據至今與眾多公司共事的經驗，我的感覺是**進展順利的專案，可以說幕後必定有折疊者的運籌帷幄**。攤開者想出了空前絕後的創意，在他身邊的折疊者的職責就是將創意昇華至得以具體實現的地步。由於將創意具體實現需要高度技能，所以才深受各家企業的重視。

綜觀歷史，戰國時代功績顯赫的武將身邊，一定有著名軍師。例如山本勘助、竹中半兵衛、黑田官兵衛等等，喜歡歷史文學的人想必會理解。

現代也一樣，谷歌或蘋果、臉書、亞馬遜等知名企業自不用說，日本龍頭企業的高層身邊也有著名軍師。

與史蒂夫．賈伯斯（Steve Jobs）一起搶救皮克斯的羅倫斯．李維（Lawrence Levy）、輔佐本田創辦人本田宗一郎先生的藤澤武夫先生、輔助索尼創辦人之一的盛田昭夫先生的井深大先生、成功協助山內溥先生帶領任天堂起死回生的岩田聰先生……這些成長型企業的背後也一定有折疊者。

眾所周知的「天才」或「知名經營者」之所以備受尊崇，正是因爲他們身邊有能夠穩步實現絕佳創意的得力助手，也就是折疊者。

折疊者正是AI時代亟需的人才

有人說，隨著人工智慧（AI）等技術的發展，現有的許多工作可能不復存在。想必有不少人莫名感到心慌，覺得自己應該從事與眾不同的工作，以免遭到人工智慧取代吧？未來將是「個體」崛起的時代，所以一定要增加「個體」的價值才行。

回顧技術發展的歷史，往後的時代將有許多工作消失，也會透過各種技術比現在更彰顯「個體」的價值。

面對未來的時代，商務人士該如何實行工作？是否要像市面上的商務書籍所言，爲了避免被人工智慧等技術取代、所有人都應該在工作上發揮個人的獨特魅力？這固然是一種解決方式，但我不認爲大部分人都應該付諸實行。

運用技術的是人類。在技術與人類交互發展的過程中，最需要的便是互動交流。不論對象是人類還是機械，都需要操作人員來實行，他們的職責便是實行工作，有時是人際互動，有時是人機互動。

過去這項技能往往運用在設計並實行與各類工作相關的互動交流，而我認為往後的時代更需要這項技能。

本書所介紹的折疊者的技能，正是在形形色色的工作中擁有多種選項，且能擬定策略付諸實行。他們的工作便是在領導人與團隊成員之間居中運用各項技能，安排許多互動交流。換句話說，這就是商務領域中最核心的互動技能。

因此，我深信未來的時代，更加需要折疊者所擁有的各種技能。

以折疊者的身分在工作上獲得肯定，就會有接連遇上新工作的大好良機。

當我二十五歲以後穩步實行了幾項專案，慢慢累積工作成績，有幸接到公司內部多項專案的機會一下子變多了。

很遺憾的，我的桃花緣不是很旺，但是從那時期開始，我的工作多到應接不暇，工作上的鴻運持續不墜。當然，我還是得在容許的範圍內審慎評估接到的工作，不過，我非常高興接到來自各界諸位人士的邀約。

商務領域中，應該有不少專案的創意還沒發展到付諸實行的地步就無疾而終，可是，我要再次強調，**創意必須付諸實行才有價值可言**。因此，將創意具體實踐的折疊者便是難能可貴的存在，他也是組成任何團隊時不可或缺的人才。這樣的人才如果是具有相當實績的折疊者，自然會吸引各方競相洽詢。

我年輕時也是在幻冬舍勤勤懇懇地處理各類急件。有一天，石原正康常務董事找了我。

那時候正是石原常務董事兼任關係企業幻冬舍Comics的社長，他對我說：「我之後會成為幻冬舍Comics的社長，也將大刀闊斧改革，所以需要你來幫我。」於是任命當時不到四十歲的我擔任董事。

後來見城徹社長成立新的關係企業時，也多次任命我當高級幹部。如今我除了幻冬舍以外，也擔任數間關係企業的董事。

這類工作機會猶如漣漪，漸漸往外擴散。與出版截然不同的企業邀我合作的機會愈來愈多。自去年底以來，某家人力公司為了擴大新事業的規模，也請我擔任顧問規劃實行策略。

我認為工作方式的選項有很多。其中之一便是本書極力推薦的「折疊者」的工作方式，這也是跳脫企業及業界框架、需求度極高的角色。當然，各行各業都要求具備專業知識，但是**「穩步實行工作」的技能，則是通行於各行各業的核心商務技能**。

請你務必做一名一流的折疊者，並且立志成爲公司內部及公司外部、甚至其他業界的商務人士楷模。

諸位讀者讀到這裡，也許有人會想：「我以後想要自行創業或成立新事業，所以不用讀了吧。」

還請稍等一下。

本書將實行創意的人定義爲「折疊者」、催生創意的人定義爲「攤開者」，但是我覺得，很少人一輩子只擔任這兩種角色的其中一個。也有的情況是一方面以折疊者的身分實行與上司的專案，另一方面卻需要在自己的部門中以攤開者的身分催生新的創意。

歸根究底，所謂的折疊者或攤開者，指的是在專案裡所扮演的角色。因此，漫長的社會人生涯中，任何人都有機會扮演這兩種角色。

我曾以折疊者的角色擔任實行專案的負責人，也以攤開者的角色從事各項工作，例如在公司內部成立電子書新事業、運用出版社的知識訣竅推廣企業的廣告業務，以及在《新經濟》擔任總編輯。

如今以「攤開者」身分名聞遐邇的經營者或領導人，實際上也有不少人以優秀的折疊者身分累積了豐富資歷。

例如以四十二歲之齡成立幻冬舍的見城社長，當他還任職於角川書店時，據說就在時任社長的角川春樹先生身邊，全心全意替他實現眾多天馬行空的企畫及業務創意。

還有我的同事箕輪厚介，雖然現在給人「攤開者」的印象十分強烈，當他在上一份工作負責雜誌編輯與宣傳業務時，便完美詮釋了攤開者與折疊者的角色。如今他也會因應專案內容，以優秀折疊者的身分投入工作。

箕輪在二〇一九年編輯了光本勇介先生的《實驗思考》一書。這本書採取出版業界前所未有的嘗試而轟動一時，即是「按原價[4]販售書籍，讀者讀完後認為這本書價值多少，再透過QR-Code追加費用」，提出這項天馬行空想法的，實際上是作者光本先生。

箕輪爲了促成這項構想，書籍發售前便在公司各部門奔走協商。並且爲了實現光本先生的構想，他也向負責電子書的我詳細說明電子書流通時需按原價販售，並確認透過QR-Code追加費用是否可行。我想，那時候的箕輪完全就是一名折疊者。

即使想靠自己成立新事業或創業，最重要的仍是擁有「折疊技能」。詳細內容會在第五章介紹，不過，我希望各位能了解，成爲攤開者之後，若是再具備折疊者的技能，對自己的好處何其多。

攤開者與折疊者的工作自然沒有優劣之別。各個角色自有其樂趣。不妨在漫長的工作生涯中，恰如其分地扮演好兩種角色，最後再來思考想要增加哪一方面的工作。

4　編按：這裡的原價指的是0元（https://pse.is/3bnqnr），相關報導請見https://pse.is/38dfs4。

專欄

我就這樣成為「折疊者」1

編輯夢碎，業務成起點

我念大學的時候非常喜歡書籍和雜誌，也因此在編輯製作公司打工。我在那裡深深著迷於編輯工作的魅力，開始下定決心：「將來出社會後，我也要從事編輯的工作。」

大學畢業前求職時，我只應徵出版社相關工作，後來內定了每日Communications（現在的Mynavi）這家公司。我當時就很喜歡電腦，尤其喜愛麥金塔電腦（Mac）。那時候出版麥金塔電腦雜誌的，就是Mynavi的出版部門。

「太好了，我可以做麥金塔電腦的雜誌了。」我滿心雀躍地結束了大學生活，進入Mynavi工作。然而，新人培訓結束後，公司卻宣布把我分去就業資訊部門當業務。

我深受打擊。「我從大學就想當編輯啊……。怎麼會叫我去當業務！」這種想法讓我當時就想立刻辭職、跳槽到大學時期就關照過我的編輯製作公司。

「當業務也太遜了吧。」

這是剛畢業的我，對於業務工作的偏見，但是實際工作之後，發現它與我所想的完全不一樣。我的工作內容與業績息息相關，而這些業績會轉變成公司發給每個人的薪資。我真切感覺到自己對公司裡的每個人盡了一份心力，當自己拿下訂單，便充滿難以言喻的成就感。此外，我深刻體會到，得以動用學生時代無法想像的龐大金錢竟如此有趣。

以數字清楚呈現自己的努力，也是業務工作的樂趣所在。公司裡貼出了全國業務成績排行榜，並頒發獎金給成績優秀者，這項明確的評鑑制度，更讓我發憤努力。負責帶我的上司是非常嚴厲的人，但是我一點也不在意，不顧一切投入業務工作。

也許有人會想：「那是你剛好適合當業務吧？」不過，業務工作並不是全然有趣。與沒有合作過的客戶洽談業務、簽訂新契約非常不容易。當時是亂槍打鳥似的打電話約訪，四處跑業務。敲定合約之前，必須連續打一百通至兩百通電話。打電話拉客戶時，上司經常站在我身邊，不時糾正我的說話方式。

即使取得約訪、在外面跑業務的時間增加，我依然趁著拜訪客戶的一點空檔，繼續用公共電話拉業務。總之，我那時候過著「逮到空檔就打電話」的日子，午餐也幾乎都吃「站著吃」的蕎麥麵店。當客戶增加但屢攻不下、業績沒有起色時，上司也會嚴厲指點我在企畫內容及簡報方式的問題。

我就這樣過著離曾經嚮往的編輯工作愈來愈遙遠的日子，老實說，剛開始真的很辛苦。但是拚命努力的結果，我終於做出一番成績，漸漸覺得業務工作挺有趣的。進公司第一年就達標，也拿到獎金。由於第一年的成績備受肯定，第二年便調到公司內部專門經辦大客戶業務的當紅部門。而我依然過著埋頭苦幹的生活，一心想在新部門拚出成績。

新調動的部門，是能夠動用上億日圓預算為大企業提供招聘顧問的部門。並不是拚命打電話、僅憑滿腔熱血就能成事。這份工作必須了解客戶的問題所在，針對各家企業悉心研擬方案，並在高階主管面前簡報。

踏入社會第二年的我，幾乎每天都分析資料到深夜，專心製作簡報。但神奇的是，我一點都不覺得辛苦。這並不是公司強制要求，是我主動要做的。

當我在高階主管面前簡報悉心規劃的企畫案，打敗了其他競爭公司，取得大筆預算時的喜悅實在難以言喻，想到先前為了這份成就感所付出的心血，一點也不以為苦。從此以後，我徹底沉迷於大學時代完全沒考慮過的業務工作。

另一方面，我在Mynavi學習招聘與人事制度期間，每天都在思考「工作方式」這方面的問題。在Mynavi當業務時，我並無法維持業績長紅。有時業績不振，也會遭到上司嚴詞批評。我也曾感到焦躁不安導致工作不順遂，因此陷入負面循環。遇到這種情況，我便苦惱著：「為什麼事情會變成這個樣子呢？」

對於這樣的煩惱，我的答案是：「是否太過依賴一間公司了？」一旦依賴一個組織，遇到不順遂時，就會感到焦躁不安。我想，就是因為如此才會影響正常發揮。

我曾經假設：「如果從事與Mynavi業務工作不同性質的職業，並且領差不多的薪水，就算遇到一點不如意，是不是不會感到不安、還能坦然面對工作？」

因為我學生時代很喜歡電腦及網路，所以考慮運用這項興趣，發展自己的副業。

於是，我每天拚命工作，目標訂在「副業賺到的錢要與Mynavi的薪資不相上下」。我在公司工作到半夜一點至兩點，回家後也沒立刻睡覺，繼續做一至兩個小時的副業。星期六日也儘量花時間在副業上。我的副業是替企業做網頁設計，還有自己製作部落格與網頁，並透過聯盟行銷貼廣告賺錢。雖然一天只睡三小時，但我那時候覺得自己可以趁年輕拚一拚。

結果我幾個月才接得到一件網頁設計，聯盟行銷廣告收入最好的時候，也頂多一個月賺十萬日圓左右，根本沒辦法超越Mynavi的月薪。

不過，當時學到的網頁設計以及應用在商務上的程式、網路服務等相關知識，在未來都派上用場。儘管那時候完全想像不到。

第2章

折疊者思維的第一步：認同

讀過第 1 章後，想必讀者已了解折疊者是與攤開者一起穩步實行專案的重要人物。

接下來將透過各項事例，爲各位介紹穩步實行專案的折疊者，應該如何與攤開者共事。閱讀時不妨想像與你共事的經營者或專案領導人。

對「攤開者」的創意產生共鳴並樂在其中

「從一開始」就跟隨攤開者的創意並樂在其中。這一點對於折疊者來說，便是最爲重要的第一步。

當攤開者催生了絕妙創意，首先需要的是「支持者」。因此，折疊者即使認爲有風險，又覺得這項創意的潛能與風險不相上下，甚至大於風險，未嘗不是一大樂趣。

與催生創意的攤開者共事，並將專案大力推廣，便是折疊者的職責之一。優秀的攤開者所構思的創意，實際上都相當奇特，實行起來十分困難，阻礙也非常多。不過，**正因為無法輕易實現，所以那樣的商務創意極有可能蘊藏莫大價值**。

剛催生出創意的攤開者，情緒是激動的。「我搞不好是天才啊，太厲害了。」他會難掩心中的喜悅與興奮，充分享受模模糊糊的創意終於成形的爽快滋味。

攤開者一旦有了新的創意，就會開始摸索實現創意的可能性。當下的心情就像拿到藏寶圖的船長，一心想要出海前往島上尋寶，出海時，便需要陪他一起駕船與探險的夥伴。

然而，創意愈是天馬行空，第一線的成員聽了之後只會更加懷疑它的可行性。想出創意的攤開者於是問了成員：「你覺得這個創意如何？」

這時候，第一線的成員一開始多半回答：「我是覺得很有趣啦。」緊接著說出各項擔憂。例如「這個很有意思，可是很花成本。」「這很難獲利。」「目前公司內部缺少運作這個項目的人力和資源。」「市面上或許有類似的服務了。」

當然，這些疑慮有可能是一針見血。但是我要強調的是，足以帶動革新的創意，自然不是一件輕而易舉之事。換句話說，這項創意本來就有風險。

折疊者也因此必須先找出創意的「有趣之處」。**若是發現自己對創意產生共**

嗚，不就可以樂在其中嗎？這個時候，不妨暫時把阻礙攤開者實現創意的種種事項拋在腦後。

我從二十多歲起在公司從事網路行銷及新事業的工作，所以當時上司與同事常找我討論創意。不過，我對自己在網路方面的熟悉程度頗爲自負，剛開始實在無法坦然「一起樂在其中」。不僅如此，我還不時擺出評論家的架子，否定攤開者的創意。

曾經有一次，前輩找我討論專案，說：「我想聽聽你的意見。」我卻傲慢地毒舌批評：「我覺得你還是放棄吧。」前輩聽了頓時面紅耳赤，破口大罵：「我又沒問你的意見。這部門是我負責的，我就是想這樣做！」

明明是前輩來問我的意見，最後又惱羞成怒大罵「我又沒問你的意見」，我當時也很不高興。可是，我發覺這種場面上演了好幾次。前輩罵我的話語，其中不乏眞心話。

也就是說，前輩來找我討論，並不是眞的想聽我的意見，而是**尋求支持**。他只是希望有人能在背後推一把：「這創意不錯欸！」

自從意識到這一點，每當攤開者來找我討論或徵求意見，我會先盡量找出創意的本質，試著與它共鳴，即使完全無法產生共鳴，也要嘗試找出有趣之處，與攤開者樂在其中。如此一來，我與攤開者的互動便開始有了變化。

如果攤開者來詢問自己對創意的看法，首先要表示感興趣。從攤開者開始揮灑創意的那一刻起，這便是折疊者的首要工作。

前面雖說要與攤開者一起感受創意的樂趣，也許有人會感到不安：「硬要對自己不覺得有趣的創意表示感興趣，等到眞的開始實行專案，結果進展不順利，該怎麼辦？」不過，這一點大可放心。

與攤開者一起樂在其中的重要關鍵，是「**從一開始**」的部分。首先，不要當個評論家，而是尋找支持者響應攤開者的構想。這麼做是要讓折疊者在實行專案時找到自己的定位，必要的時候跳出來修正創意的實行軌道或喊停。

事實上，我與前一項提到的那位罵我的前輩，後續還有一些情況。

前輩的專案最後還是推行了。我爲了讓專案順利進展，多次向前輩提出構想，但他幾乎聽不進去。當然，不實際實行看看，不會知道專案實行的結果，我也知道自己的意見未必全是正確的。不過，那項專案並沒有大獲成功，最後便不了了之。

經過這件事後，我開始像前面提到的，絕對不會在前輩或同事來找我討論創意時不分青紅皂白地否定，而是「從一開始」就嘗試一起樂在其中。**坦然面對攤開者的創意，試著從中尋找一點有趣之處，心想「說不定有潛力啊」，才能發自內心提出正面的意見。**

如此一來，攤開者便願意在專案成立的過程中徵詢我的意見。因爲我從一開始就對攤開者的想法表示興趣，最後便成了支持他的創意的同盟。自從我這麼做，就算老實說出：「這部分改一下比較好吧？」攤開者也會根據內容採納我的意見。連我提出：「是不是放棄這項專案比較好？」攤開者也會視情況接受建言。

想出創意的人，一開始都很排斥別人否定自己的創意。因爲當初想出創意時是滿懷自信的。他們雖然也會聽聽反對者的意見，但多半不會虛心接受。

一旦有人反對，攤開者會心想：「這傢伙根本不懂我這個創意有多棒。」尤其是面對專案推行前就一味否定或提出負面批評的人，攤開者常會心生不滿。

另一方面，「從一開始」就對自己的創意表示感興趣，願意和自己一起探索創意本質的人，攤開者便會評估他提出來的意見。這種感覺就像跟陌生人訴苦時，通常不太會參考對方的建議，可是卻聽得進多年好友所說的話。

因此，若是能看出攤開者提出來的創意本質，並且從一開始與他樂在其中，就能以折疊者的身分及早修正專案推行的軌道。

專案推行的過程中，如果感到乏味或是覺得最好喊停，也能勸攤開者趁早終止專案。

想要反駁或提出其他建議時，首先要對攤開者的創意表示感興趣，並成為支持創意的同盟。這是身爲折疊者的首要之務。

攤開者的朝令夕改會讓創意更有趣

攤開者往往會立刻推翻才剛想出來的創意與方針。

舉個例子，各位是不是遇過有的專案領導人明明才剛擬定策略，下次開會卻突然宣布不採用、冒出另一個截然不同的策略呢？或是對於公司或專案領導人經常改變方針而感到無所適從呢？

面對這種情況時，在第一線按照指令辦事的成員應該會心生不滿：「咦，這跟之前說的不一樣啊，我們明明都安排好了。」實際上也會因爲白白浪費自己的時間而忿忿不平。

不過，我覺得**攤開者就是要朝令夕改**。我至今遇到的優秀攤開者，每一位都是如此。**他們通常不會受限於過往的創意，反倒為了讓創意更有趣而一改再改。**

攤開者著眼的並不是組織「內部」，而是「外部」，甚至放眼未來。由於世間瞬息萬變，攤開者當下認爲不錯的創意或策略，有時才過幾天便成了過時的產物。

就商務領域來說，創意若是不符合市場的需求，立刻變更策略才是上策。或許攤開者本身也有自知之明，知道中途變更創意會被成員說是朝令夕改。

然而，重點並不是不能改變已經提出來的想法，而是要**配合時下潮流修正創意的軌道，思考如何才能提高成功的機率**。

比起朝令夕改讓工作人員心生不滿，眞正令公司損失慘重的是堅持言而有信，「我已經跟大家說了」，而執意採用不合時宜的策略。這一點無庸置疑。

因此，攤開者朝令夕改也無妨。始終在意沉沒成本[5]（Sunk cost）的人，並不是眞正的攤開者。

NewsPicks的野村高文先生不僅是我在《折疊包袱巾的人廣播電台》的夥伴，也和我以折疊者的身分，將幻冬舍與NewsPicks合作的「NewsPicks

Academia」專案項目付諸實行。順帶一提，這項專案的擲開者是當時NewsPicks的總編輯佐佐木紀彥先生，以及我的同事箕輪。

那時候專案已逐漸步上軌道，我們希望更加充實專案所提供的服務內容，於是提出製作專屬應用程式（APP）的想法。

佐佐木先生在會議上提議：「要不要在APP上附加這種功能？」箕輪隨即附和，並且補充自己的創意：「這個不錯欸，不如再加上這種功能吧。」

在會議上取得共識後，工程師便在下次開會之前爲了這項追加的新功能，著手修改系統設計，我與野村先生則是負責估算追加新功能所需的成本以及預期的效果。

一星期後的會議，工程師與我以及野村先生正打算報告針對APP新功能所做的調查，發起創意的佐佐木先生與箕輪卻全盤推翻：「我覺得這個功能不是那麼重要啊。」「話說回來，眞的有必要製作專屬APP嗎？」這種情形一點也不

5　編注：指已經付出且不可收回的成本。

足為奇。

不過，不僅工程師不開口，我和野村先生也幾乎不會說：「你上個禮拜不是這樣說的啊。」因為冷靜思考後，發覺擱置追加新功能是正確的決定。我們並不是揣摩上意，而是冷靜思考新功能帶給市場及顧客的效益之後，便能理解他們兩位的決定，所以沒有人會抱怨。

這項變更如果會帶給市場及顧客負面的影響，成員改弦易轍自然無可厚非。只不過，不應該置入個人情緒，抱怨「白白浪費了這些時間」、「之前根本不是這樣說」。

至少成員白費的功夫，與市場及顧客無關。

然而，原先的安排白費功夫，對成員來說一點也不有趣。可想而知心裡會有多煩躁。與其如此，**最重要的便是做好心理建設，接受攤開者的個性就是朝令夕改**。倒不如說，攤開者面對瞬息萬變的時代潮流，必須時常保持敏銳的洞察力，探索創意的本質，並且勇於嘗試。不妨好好享受與如此優秀的人一起工作的樂趣吧。

請努力成為世界上最了解攤開者的人

前一項提到攤開者就是要朝令夕改。話雖如此，攤開者一樣有各種類型。

面對各種類型的攤開者，最重要的便是要**努力成為世界上最了解攤開者的人**。

這麼說可能有些誇張。

不過，我爲了與攤開者順利實行專案，總是比任何人更熱衷於了解攤開者的行爲與想法，包括下意識的小習慣都想摸得一清二楚。如果攤開者有交往的對象或家人，我的目標就是要比他們更了解攤開者。

想要成爲世界上最了解攤開者的人，不管怎麼說，最需要的便是**觀察**。仔細聽攤開者說的話，充分理解話語的含意。並且使出渾身解數想像攤開者爲什麼會那樣說？究竟是怎麼想的？當下的心態又是如何？不僅是話語，還包括行爲，**不妨盡情想像攤開者所有行為舉止以及想法背後的深意**。

一起共事時，最重要的便是趁早成爲世界上最了解攤開者的人。

如果怎麼也想像不到攤開者的意思，當然親自問本人最好：「請問你剛剛爲什麼會那樣說？」對方若是不理自己，可以說：「我一定要把這項專案做完，所以很想了解你的想法，不管多瑣碎的事情都想知道。」

或許有人認爲這項任務太艱難，不過，不妨將它視爲一種遊戲，在一定期間內嘗試看看。就像模仿藝人變身成模仿對象即興表演搞笑橋段一樣，請試著把自己當成攤開者。

話說回來，我和同事箕輪一起以折疊者的身分實行專案時，我就打定主意，試著努力比任何人都了解他，甚至超越他的家人。

我擔任《新經濟》總編輯時，曾經做過箕輪的長篇訪問，與他探討次世代的工作方式。我們在那次訪談聊得十分熱烈，可惜大多數內容都無法寫成報導公諸於世。我要在此坦白，那篇報導約有一半篇幅，全是我想像箕輪會說的話而寫的（公開發表前當然有請他確認過，並不是憑空捏造）。我在寫報導時，就是想像箕輪附在我身上。「箕輪應該會這樣說吧？」我便是如此盡情發揮想像力，撰寫那篇報導。

如果覺得我在唬人，請把我當成箕輪，再看看那篇訪談。我有十足把握，能說出比箕輪更像箕輪本人的話（笑）。

折疊者是最能就近與攤開者交流的人。因此，爲了讓專案順利實行，有必要成爲世界上最了解攤開者的人。

下一項會詳細說明，成爲世界上最了解攤開者的人，對於推動專案團隊何等重要。這也可以說是**折疊者應有的心態**。

截至目前爲止，談到了攤開者的特徵與相處方式。

應該有讀者會心想：「眞的有必要跟攤開者這麼密切接觸嗎？那也太累了吧。」與攤開者共事，確實相當耗費心力。不過，實行高難度的工作時，正是需要對攤開者的創意產生共鳴，並且成爲最了解他的人。

因此，折疊者應該要成爲攤開者無話不談的唯一盟友。

攤開者是很孤獨的。

他們總是絞盡腦汁想出絕無僅有的創意，全心全意以成功爲目標。也因此，他們的意志力非比尋常。

然而，他們有時也會遭受公司內部的反感與排斥。畢竟愈有可能引起革新的創意，面臨的風險也愈高，周遭的人難免對於實現創意一事裹足不前。於是，沒有人贊成自己想出來的創意，甚至連一個盟友也沒有。如此一來，即使身為攤開者，也會覺得沮喪氣餒，質疑自己的團隊，感到惶惶不安。

折疊者若是能在這時候支持攤開者，肯定會使他信心倍增吧。

折疊者的職責，便是**對於風險高的創意表示感興趣，並與攤開者同心協力付諸實行。如果發覺攤開者感到徬徨不安，請把自己當成攤開者的貼身盟友，聆聽他的心聲**。

近距離與攤開者共事，應該能敏銳察覺他的內心波動。就像前一項所提到的，試著成為最了解攤開者的人，平時多與他溝通，自然能掌握到他的節奏。

專案實行的過程中，團隊若是感受到攤開者的徬徨不安，成員對於專案的熱忱就會大幅消退。攤開者不將自己的不安顯露於外，工作才能進展順利。因此，**折疊者需坦然包容攤開者的徬徨不安**。

再者，攤開者有時候也會因為私人因素導致情緒不穩。這是人之常情，畢竟沒有人能夠只爲工作而活。雖說工作與私生活應該徹底劃分，但不是那麼容易做到。

儘管不必過度探問攤開者的隱私，不過，折疊者是最貼近攤開者的人，**對於工作以外的部分也應該保持敏銳**。不妨趁著平時工作的空檔與攤開者多交流，主動關心對方的私生活（以不影響對方的情緒爲前提）。

也許有人認爲：「不應該插手別人的私事，這與工作無關。」但是**做攤開者的精神後盾，同樣是折疊者的工作**，包括關心他的私生活。

當然，並不是說連攤開者的感情生活都要瞭若指掌。不過，一旦感覺到會影響工作，最重要的便是打探消息，有時還得充當攤開者傾訴的對象，聽聽他的煩惱與牢騷。

與攤開者共事時，或許會覺得對方「情緒起伏很大、很難相處」。不過，人有喜怒哀樂。工作進展的過程中，難免會有情緒化的表現。

尤其是身為團隊領導者的攤開者。情感比較豐富的人，通常較容易帶領團隊。

舉例來說，成功跨過專案的一道關卡時，喜出望外的攤開者，更能凝聚團隊的向心力。

此外，攤開者對競爭對手展露強烈敵意或憤怒，也具有加強團隊整體競爭意識的正面效果。

出了差錯或遇到問題時，攤開者更應該情緒化一些。當攤開者因爲出了差錯或遇到問題而煩躁發飆，團隊內部便會因此產生共識，凝聚向心力：「下回小心一點，不要再出錯了。」就這一點來說，攤開者的立場便是要懂得善用「情緒」這項工具，達到凝聚團隊共識的目的。

另一方面，**折疊者最重要的是保持冷靜**。

特別是要適當處理專案上的錯誤或困難時，更需要在團隊中保持冷靜。折疊者要冷靜地判斷情況，向攤開者建議下一步動作。

究竟該如何保持冷靜呢？

這與個性有關，或許有人會覺得很困難。不過，請不要想得太複雜，最重要的是**提醒自己，「我要成為團隊裡最冷靜的人」**。

接著是盡量以俯瞰的角度綜觀全局。「其他團隊或公司會出這種問題嗎？」諸如此類，從客觀的立場來看事情。

單是懂得站在客觀的立場，遇到還可承擔的困難時，便能做出冷靜的判斷。

然而，有時會遇到無法從容解決的大麻煩。像這種情況，仰賴的不是要小聰明般的訣竅，而是靠經驗解決。除此之外，沒有捷徑。**不論是成功或困難，只要經歷過大風大浪，都會懂得冷靜判斷**。

舉例來說，第一次出國旅遊造訪某個國家時，難免會因爲不知所措而惶惶不安。但是一回生二回熟，下次再去就不會這麼不安了。

事實上，困難也是一樣。經歷的大風大浪愈多，愈能從容面對類似的困難。就「獲取經驗」來說，折疊者應該**對困難甘之如飴**。

我年輕的時候，每次遇到團隊內部出現小問題都會驚慌失措。工作範圍愈龐大，解決眼前阻礙的難度也愈高。不過，隨著自己慢慢累積克服困難的經驗，漸漸地也不再像以前那樣手足無措了。

二十多歲時曾與編輯製作公司合作一個項目，讓我遭遇難以忘懷的大麻煩。

當時該公司製作的書籍在幻冬舍的書店裡託售，主要工作是由我負責。

該公司推出了一系列創刊陣容，同時發行六本書。每本書各印了一萬本以上。以當時的出版環境來說，這樣的發行量對於新企業而言相當龐大。

我向對方的負責人建言，賣不掉就會退書，印這麼多會有風險。但是負責人打包票表示：「放心吧，一定賣得掉。」可是新書發行後，幾乎沒人買。

麻煩就出在這裡。

那間公司的負責人知道書籍銷路不佳後，提出「希望能等到付款截止日」再付清幻冬舍在這次託售的通路手續費。我則是告訴他不能等那麼久。因爲我收到消息，這家編輯製作公司也拖欠了另一家公司印刷書籍的款項。

我心想，這次的工作絕對不能血本無歸，於是鍥而不捨地向對方催款。但後來愈來愈難聯繫到負責人與高階主管。當我耐不住性子衝到對方的辦公室，早就爲時已晚。那間公司的社長在幾乎已搬空的辦公室裡對我說：「我們破產了。」因爲書賣不掉也籌不出製作經費，他們最後選了破產一途。

儘管如此，我還是向他們催款。令人驚訝的是，這家公司的社長雖然宣布破產，態度卻十分強硬。他始終堅持「我就是沒錢，付不了款」，甚至威脅我：「設樂先生也是要繼續待在公司工作嘛，別那麼拚啊。晚上回家小心一點哦。」

結果拿不到款項，我只能把這筆損失計入公司帳上。我對此深刻反省。

話雖如此，我還是從這件大麻煩學到了許多經驗。舉例來說，客戶也會破產；選擇破產的公司負責人容易擺出高姿態，完全無法溝通；還有，即使出席債權人會議，資金也幾乎回收不了。

不僅如此，我也經由這件麻煩事學到了事先減輕風險的方案，例如商務合作案件，應該審慎評估合作企業（這次的合作案當然也審查過，可惜失敗了）；合約上要註明先支付部分款項等等。

時至今日，我仍是希望不要遇到客戶破產或失聯的情況。但我覺得自己可以比那時候更沉著，也有能力事先擬定策略，避免重蹈當時的風險。

能夠規避麻煩，自然再好不過，但是遇到麻煩時，**不妨以「可以學到經驗」的正面心態面對**。累積豐富經驗，可幫助你成爲團隊中最冷靜的折疊者。

除了保持冷靜以外，折疊者還須具備一項重要技能，也就是**察覺風險的能力**。攤開者的創意愈是天馬行空，付諸實行時遇到的風險就愈多。

話雖如此，攤開者若是在創意形成的過程中小心翼翼規避風險，發想出來的創意便會有所侷限。不是說攤開者可以完全不在乎風險，但是太過小心翼翼，會使創意處處受制。

因此，身為折疊者就要徹底做好輔助的角色，讓攤開者全心發想創意。換句話說，折疊者要**替攤開者設想各種風險再付諸實行**。

具體實現商務創意的過程中，會面臨眾多大大小小的風險。所以要從微觀及宏觀的角度掌握風險，並且評估專案在金錢、法律、人資等各方面的可能性再來計算風險。

這時候或許正適合步步為營。總而言之，折疊者在專案中要比任何人更能敏銳察覺風險。並向攤開者報告自己計算出的「最大風險」規模大小。

以書籍企畫爲例，假設這本書一本也賣不掉，折疊者就要將製造成本、廣告成本與流通成本、人事費用總計後會虧損多少金額如實告訴攤開者。

就算放手讓攤開者盡情發想創意，也必須讓他了解最大風險是什麼。這樣便已足夠。**請不要一一報告雞毛蒜皮般的風險，以免攤開者的寶貴資源遭到瓜分。**

折疊者凡事不能只有一種選項

除了要敏銳察覺眾多風險，折疊者還需要擁有萬一遇到困難時的**選項**。因此，折疊者在公司內外部應該擁有眾多選項，以便處理交辦業務以及突如其來的困難與急件。

如果攤開者的職責是在遙遠的目的地插上旗子，**攤開者的工作就是鋪好穩步前往目的地的康莊大道**。若是能提供各種工具給攤開者或團隊成員，便能擴展他們在工作上的可能性。折疊者不妨期許自己成爲隨時都能拿出最佳工具的哆啦A夢。

建議折疊者**一項行動至少要預設五種選項**。

因此，最重要的是平時養成預設多種選項的習慣。

例如有位重要客戶找你洽談，必須火速前往拜訪，可是外面正下大雨。在這種情況下，一般會考慮到要搭計程車、搭電車或走路等選項。就距離來說，最快的應該是搭計程車。但是下大雨，會遇到無法立刻招到計程車的風險。於是想到先搭電車，中途在容易招到計程車的大站下車，再轉搭計程車前往。或許也想到公司的業務用車可能空著沒人使用。

諸如此類，最重要的是平時養成動腦的習慣，對於日常生活中的瑣事，思考除了最先想到的選項之外，是否還有其他選項。

平時不妨多開發新客戶，多儲備必要時可以打出來的好牌。

Metaps網路平台總裁佐藤航陽先生曾撰寫幻冬舍的《金錢2.0：從賺錢到提升價值，在新經濟體系下，重新找回人生的初衷》6一書，以下是與他洽談新專案時的事。

6　譯注：繁體中文由聯經出版（二〇二〇年四月）。

我們對於新專案討論得非常熱烈，因此決定立刻製作對外宣傳的網站。在這項專案中發想創意的攤開者，就是佐藤先生。他顯得十分積極，迫不及待想讓自己的創意盡快成形地說：「製作網站太花時間了，不如我現在就自己公布吧？」隨手便開啓可以輕鬆發表文章或相片的note設定頁面。

不過，我能想像得到，這項宣傳活動的場面愈盛大，愈能達到預期的效果。我也認爲網站應該精心製作，涵蓋令人印象深刻的設計與訊息。

於是，我開口對滿心雀躍急著想公布資訊的佐藤先生說：「請給我二十四小時製作網站就好。」因爲我覺得二十四小時是我們能提出具體方案的期限，若是拖得太久，佐藤先生的熱忱就會減退。

「如果能在二十四小時內完成，網站的品質自然是愈高愈好。」佐藤先生也表示認同，願意等待網站公開。

我便著手評估多種選項。目的是在二十四小時內製作一個品質高、含有令人印象深刻的設計與訊息的宣傳網站。

當時我想到了以下五種選項。

1 委託值得信賴的A公司負責設計。

2 委託B公司，設計功力雖然比A公司稍弱，但是工作速度十分可靠。

3 委託C公司，設計功力雖然不如B公司，但是有經手幻冬舍以外的大宗交易，對於各種要求也較好商量。

4 自己從無到有設計一個新網站。

5 從幻冬舍現有的網路媒體擷取部分設計直接修改，並在原有的網站裡架設宣傳網頁。

上述的第1～3選項，必須向外部公司借力才能完成。因此，我先仔細評估所有選項，再一起聯絡A公司，B公司與C公司。由於事出緊急，我在洽談時也事先告知對方，同時還有接觸其他公司，問問是否能接受這項無理的要求、在二十四小時以內公布網站。

至於右列選項，編號愈前面的設計品質愈高，編號愈後面的交貨速度愈快。第4與第5選項的品質雖然不如1～3，但勝在可以自己動手解決，不必委外製作，還能節省時間。

最後是第2選項的B公司與第3選項的C公司回覆可以在二十四小時內完成。因此，我向佐藤先生建議了三種選項。

1　委託品質比C公司優良的B公司。

2　由我從無到有設計新網站（我會全力以赴，畢竟不是專業的，無法保證設計出來的品質）。

3　從幻冬舍現有的網路媒體擷取部分設計直接修改，並在原有的網站裡架設宣傳網頁（但這麼做會欠缺特色）。

除了以上選項之外，我還向佐藤先生補充說明：「如果想要立即公布網站，可以選第2與第3項。願意等二十四小時的話，可以委託B公司。您覺得呢？」佐藤先生最後決定委託B公司。隔天，網站順利在二十四小時內公布了。佐藤先生收到消息後，在推特上發文：「幻冬舍的行動力超迅速，比一般出版社還快五倍。」

如上所述，**折疊者審慎評估各種選項後再向攤開者建言，不但能保持攤開者對創意的熱忱，也較容易付諸實行。**

面對日常生活中微不足道的工作，也要訓練自己盡量多準備幾種複數選項。平時也需腳踏實地與客戶建立信賴關係，以便在關鍵時刻派上用場。請注意以上事項，期許自己成爲攤開者眼中不可或缺的哆啦A夢。

看準機會，隨時把掌控權拿到手

本章最後再爲各位介紹一項折疊者的有趣之處。

事實上，我就是因爲這份樂趣，至今願意擔任折疊者——「看準機會，隨時反擊」，這不過是比喻而已；但是**對折疊者來說，最痛快的莫過於成功反擊的那一刻**。這裡使用「反擊」一詞，僅僅是形容痛快的程度，並不是眞的要跟折疊者拳腳相向。

意思是**折疊者在具體實行攤開者的創意之餘，要慢慢掌控創意的走向**。也可以說是在攤開者烹調的菜餚中，添加你自己的香料增加風味。

我要再次強調，攤開者的職責是高舉目標大旗。折疊者的工作則是鋪設一條讓所有人都能穩步抵達目標的康莊大道。

如前面所提到的，折疊者是最貼近攤開者的人，他要管理專案的風險，建立並調動團隊，以及爲未來鋪路。因此，折疊者是對專案瞭若指掌的人。甚至可以說是**由折疊者推動整個專案**，這麼說一點也不爲過。

此外，攤開者也十分信任折疊者。隨著專案的規模愈來愈龐大，雙方的信賴關係也會更加堅實。

攤開者與折疊者在職責方面的立場雖然有差距，但是在推動專案上，我認爲基本上應該平等的。由攤開者發想創意，並由折疊者穩步實行。一開始確實是如此，但是隨著專案進展，攤開者一定會需要折疊者提供意見與創意。

攤開者最終會採用折疊者的創意，並在日後成了左右專案的關鍵決策。

第四十六頁所介紹的「NewsPicks Academia」，當初是由NewsPicks與幻冬舍合作開啓的專案項目。那時候的攤開者是箕輪與NewsPicks的佐佐木先生，爲了具體實現創意，於是由NewsPicks的野村先生與我召集團隊。「NewsPicks Academia」的初期企畫，便是由我們四個人敲定細節。

原先的討論目標是想要推出其他經濟媒體及出版社無法提供的服務。

佐佐木先生提出的企畫構想，是在NewsPicks平台推出月付一五〇〇日圓即可閱覽所有內容的服務，並結合當時月付五千日圓即可參與的線上課程入場券，以及月付五千日圓的每月主題精選電子書套裝服務。

我覺得光是如此，這項企畫已具有相當的優勢。當我試算這些套裝方案所需的成本時，突然想到一件事。這兩位攤開者說過，他們想要做其他經濟媒體與出版社模仿不來的項目。

與此同時，有位大作家找我商量是否能開設線上沙龍。那位作家有不少年紀較長的讀者。於是我提議：「讀者的年齡層較高的話，不必堅持採用時下流行的線上沙龍社群媒體，倒不如開設一個全都用信件互動的**線下**沙龍比較好吧？」

那時候，我聯想到兩個點子。

NewsPicks與幻冬舍的合作方案中，有什麼是其他出版社做不到的呢？「對了，乾脆給成了付費會員的客戶一個驚喜，不要寄電子書，而是把紙本書寄到他們家裡。雖然耗費的手續和成本會比電子書多好幾倍，但是其他出版社不是想模仿就模仿得來吧？」

我立刻在會議上提出這個創意。佐佐木先生與箕輪也表示贊成：「這個有意思，絕對模仿不來。」

我的創意最後獲得採用，「NewsPicks Academia」正式推出要價一五〇〇日圓的付費文章與活動入場券，以及月付五千日圓的紙本書籍套裝服務。當我的創意獲得青睞，我心裡就像成功反擊似的痛快不已。

話說回來，這項創意確實是其他公司難以做到的計畫。畢竟與紙本書組成套裝會逼近成本上限，倉庫裡的書籍庫存管理及發送手續同樣耗費成本。其中的細節在此略過不提，不過，我與野村先生向各相關單位洽談，想辦法組成可降低成本的方案，總算讓創意得以實現。

由此可知，發想創意、訂定目標是攤開者的工作。但是，正因爲折疊者對攤開者的目標及想法瞭若指掌，才能替創意創造附加價值。

此外，折疊者有時也需要在實行專案的過程中，**視情況控制一下攤開者**。因爲折疊者是實行專案的重要關鍵。**可以將自己的創意不斷融入專案裡**。

折疊者的工作，便是將攤開者挖掘到的寶石原石精雕細琢，將它的價值翻到數十倍。請務必與優秀的攤開者一起推動專案，盡情享受身為折疊者的快感。

專欄

我就這樣成為「折疊者」2

懂得架設網站爲我帶來了康莊大道

一直在Mynavi從事業務工作的我，偶然發現了幻冬舍這家公司，並且鎖定目標。幻冬舍從以前便是接連出版轟動大作的知名企業，社長也上過電視，所以我當時「很想拉到這家公司的業務」。我後來打了幾通電話給幻冬舍，試著取得約訪。但不管打多少通，對方都不當一回事。接下來的日子，我每天都在研究幻冬舍，思考「如何才能說服對方」。有一天，我看到他們的官網發布了徵才訊息。

我心想：「這是大好機會。」我並不打算跳槽，只覺得這是一個「當面拉業務的機會」。若是參加幻冬舍的面試，應該就能見到負責人。不論是否通過面試，只要記下負責人的姓名，日後就有機會拉到徵才廣告的業務。

我立刻動手寫履歷，參加幻冬舍的徵才活動。我本來就很嚮往出版業，寫應徵動機時信手拈來就是一篇。隨後在招聘考試中一路過關斬將，最後居然拿到內定資格。

這時候，我感到左右為難。一開始應徵的原因不過是為了拉業務，但是，通過招聘考試也見到一群極有魅力的職員，不由得思考：「或許跳槽到幻冬舍也不錯。」

我真的很掙扎。因為在Mynavi從事業務工作真的很愉快。更何況幻冬舍提出來的薪資比我現在的年薪低一百萬日圓以上，聘用條件則是「不是正職員工，而是約聘員工」。

掙扎了許久，我最後還是在Mynavi工作的第三年秋天，選擇跳槽到幻冬舍。

讀大學的時候，我可能會因為「薪水太低」、「不想當約聘員工」等理由而拒絕跳槽。但是，我現在已經藉由Mynavi的業務工作，對各式各樣的「企業商業模式」產生了興趣。企業絕對需要人才，所以會花錢刊登招聘廣告；而

Mynavi的商務十分單純，就是拿錢幫企業徵才。

至於幻冬舍這類向讀者販售小說等商品的出版社，他們的商業活動沒有像招聘廣告那樣具有明確的需求。

「出版業的商業模式到底是什麼樣子？」我對此十分感興趣。我在過去都是販售具有明確需求的商品，對我來說，出版業是充滿未知的「新商務」。因此，我帶著「想要了解這種商務」的強烈信念，不在乎惡劣條件，毅然決然跳槽。

我獲聘幻冬舍的業務工作，分發到書店業務部門。我過去在工作上有幸承蒙許多上司及前輩的諄諄教導，於是發下豪語：「我一定要讓業績蒸蒸日上！」因為我在Mynavi時期的業績表現不錯，心態因此變得倨傲，認為自己跳槽後也能立刻創下佳績。然而，我漸漸發覺，雖說同樣都是業務工作，書店的業務工作與過往的業務工作完全是兩回事。

Mynavi的業務主要是開拓新客戶，銷售預算也是由個人來分配，再根據成果評估業績是好是壞。另一方面，幻冬舍當時的書店業務採用的是「例行銷售」，部門與團隊雖然有一定的預算，但這比較像是團隊銷售，銷售商品的方式也大不相同。我過去所接觸的商品及服務是賣愈多賺愈多的廣告媒體，書本這種商品則是採用適當配量的方式，只印刷預估的需求數量，再從中分配至書店銷售賺取業績。因為可以根據「委託銷售制度」退書，所以並不是「賣得多就好」。

我剛開始還因為初次接觸這種業務工作而感到新奇，積極地投入工作中，但是業績表現模稜兩可讓我覺得不踏實。我過去的業務成果都是以數字明確呈現，並獲取相應的薪資，可是幻冬舍的書店業務工作很難確切看到這部分。因此，我進幻冬舍之後一直感到很焦慮，最主要的是年收大不如前，還有不是正職員工。我很想早日達到以前的薪資水準，更希望成為正職員工。不過，幾個月後，我不禁想：「這種業務模式可能無法透過一般的工作表現、評估業績是好是壞吧？」

於是，我開始尋找可以確切展現工作成果的機會。我注意到的是「數位化」項目。我之前待的Mynavi本來就是提供網路服務的公司，內部環境也慢慢朝數位化發展。然而，當時幻冬舍的商務是以銷售紙本書籍為主，數位化的腳步十分落後。

例如公司內部的資訊共享、會議室的預約、薪資明細等等，依然有不少事項採用傳統的紙本申請方式，這一點對於從Mynavi跳槽來的我而言，實在覺得很麻煩。儘管心想：「幻冬舍若是也能透過企業網路共享資訊，該有多方便啊……。」可是我只是剛進公司不久的約聘員工，根本無法取得架構企業網路的大筆預算。

有一天，我發現幻冬舍竟然也有完善的伺服器機房，是問了總務部門員工關於伺服器機房的用途，說是供郵件伺服器與檔案共享伺服器所使用。經過進一步詢問，我才知道機房裡也有網路伺服器的專用設備。了解之後，我請總務部門員工介紹當初設置機房的外包廠商，請他們替我安裝軟體，讓閒置的伺服器也能當成網路伺服器使用。幸好那家廠商將安裝軟體視作維修保養的範圍內爽快答應了。

我接著簡單架設了企業網路的網站，讓大家可以發布訊息或下載檔案。我在Mynavi時期當作副業的網頁設計等技能，就在這時候派上用場。雖然是很簡單的一個網站，卻是我一面翻閱程式設計相關書籍解決不懂的地方，並且下班後繼續留在公司裡努力做出來的網站。

我把程式安裝在企業網路後，戰戰兢兢地向當時的業務部長提議：「我架了一個網站，如果可以的話，是不是能讓我們部門自己使用呢？」業務部長看了之後，驚喜地說：「這很好啊！用吧，用吧！」部門內部從此便使用網站管理行程及共享書籍的公開資訊。

過了一陣子，消息也在公司內部傳開：「聽說有一個超級熟悉網路的傢伙跳槽到業務部門。」說實話，我的資訊科技素養並不比一般人好到哪裡去，只不過因為能自行架設企業網路，說好聽一點，是誇得太過了。

總務部門的人偶然聽到傳言，便來找我商量：「你能不能想辦法更新公司的官方網站？」我就這樣接下了更新官網的任務。

久而久之，公司裡的人都認為：「設樂對網路非常熟悉。」但是我也有自知之明，自己的功力並沒有大家所想的那麼強。不過，我知道自己是因為這一點獲得肯定，所以每天都會閱讀相關書籍充實技術，拚命讓自己名副其實一些。

二〇〇〇年初期，正是網路深入眾多企業的時代。過去都是先製作紙本書籍，再請經銷商安排通路，將書本放在書店銷售；而這股網路的浪潮，同樣湧向了沿襲傳統模式的出版業。儘管對我來說是誇大其詞，但是「設樂對網路很熟悉」的印象，就這麼在公司裡傳開來。就連幻冬舍的高階主管與見城社長也知道了。

接著落到我頭上的好運，是石原正康常務董事找我談的一項任務，「將暢銷書朝網路服務發展」。

當時村上龍先生的《工作大未來：從13歲開始迎向世界》十分暢銷，石原常務董事有意發展出各式各樣的項目內容。石原常務董事同時也是負責村上龍先生與吉本芭娜娜小姐等知名作家的編輯，他與系統開發公司早就規劃了網站的構想，因此，當他聽到大家說「設樂對網路很熟悉」，便將我拉進團隊。

這項專案的構想相當有野心，「只讓讀者看網頁版的電子書沒什麼意思。能不能讓讀這本書的人，獲得比書本更多的體驗與價值呢？」這就是製作這本書的編輯石原常務董事所提出來的「天馬行空想法」。如今回想起來，這項專案也許成了我日後確定從事「折疊者」工作的重要契機。石原常務董事當時對網路並不熟悉。但是他想要實現的願景非常遠大，也十分有吸引力。「能實現的話一定很有意思」，因為有這種想法，才能在每一次討論不斷激盪出新的創意。

儘管為了實現創意忙得團團轉，我仍是努力緊緊跟隨，在系統開發公司與石原常務董事之間居中協調，盡我所能不讓這份創意在實行專案的過程中消退。就算系統開發公司說：「這很難做到。」我也要盡可能接近石原常務董事的理想而出言反駁：「其實不會，用這個方案就能辦到吧？」

好在辛苦有了回報，二〇〇五年，「工作大未來：從13歲開始迎向世界官方網站」正式開啓。網站規劃成社群平台，不但可以免費閱讀書籍的全文內容，對某項工作感興趣的國、高中生也能在網站上提問，並由登錄網站的成年人回答問題。

在網站上公開免費內容的手法在今日已是慣用的伎倆，與社群平台合作自然會選擇這種方式。然而，當時是二〇〇五年，在那個年代將出版品朝網路服務發展，在各方面來說可是一項創舉。這項服務推出一年後，便成功招攬到大型贊助。

事實上，願意提供贊助的就是Mynavi。

我參與這項專案時，深信「這項內容對從事招聘業務的企業來說，絕對非常有吸引力」。我在Mynavi任職時，招聘業務面臨的課題就是「如何在早期階段留住使用者」。例如求職潮開始期間，大多數學生都會利用求職網站找工作。這是顯而易見的，所以各家公司無不陷入苦戰：「到底該怎麼做才能更快讓大家知道我們的求職網站呢？」

「工作大未來：從13歲開始迎向世界官方網站」的使用者是以國、高中生為主，其中也不乏大學生。看了官網的網站數據後，我覺得這應該能解決就業資訊業務所面臨的問題。

我立刻聯繫昔日部門的前輩，請他代為接洽負責人，提議贊助事宜。後來負責人覺得有商機，便決定成為官網的贊助商。

自從參與「工作大未來：從13歲開始迎向世界官方網站」專案以來，我以「折疊者」的身分，協助石原常務董事處理網路相關專案的機會愈來愈多。

不僅如此，見城社長看了我過去參與的網際網路專案，工作上也常直接找我。

第3章

折疊者的團隊建立與管理術

折疊者是攤開者的貼身盟友，也是爲他穩步實行專案的人。因此，折疊者要建立團隊實行專案，並且負起管理的責任。折疊者最重要的職責，就是在攤開者與團隊之間居中協調，坐鎮指揮。

本章將爲各位介紹如何建立團隊、如何妥善管理以及帶動團隊成員的表現。

選擇團隊成員最重要的是熱忱

建立專案團隊最重要的關鍵，就是「人」，在招募人才階段，最好召集對專案內容產生共鳴的夥伴。技能固然重要，但首要之務在於**是否產生「共鳴」，這才是決定專案成敗的關鍵**。人會竭盡所能實現內心深處的渴望，這份原動力，便是**「共鳴」與「熱忱」**。

我要再一次強調，實行攤開者創意的過程中，往往潛藏許多難題，有時也會遇到麻煩。盡力解決麻煩並且鋪設邁向目標的康莊大道，就是折疊者的工作。

然而，鋪設的道路再怎麼平整，也不可能完全不會磨損輪胎。即使面面俱到規避所有風險，也一定會遭遇困難。陪伴自己一起克服困難的便是成員，也就是團隊。因此，是否能在早期階段對攤開者的創意及想法產生共鳴，就是最重要的關鍵。

其中最難能可貴的是擁有不會因爲一點瑣事而士氣受挫、還能對專案負責到底的夥伴。

因爲如此，我在建立團隊時，注重的是「熱忱」而不是技能。就算技能稍嫌不足，只要有熱忱，往後也能慢慢提升技能。不要只看目前的條件，而是**評估未來是否有成長的空間**。

在公司內部資源有限的情況下，有可能無法招募到理想中的團隊成員。這時候便需要視各個成員的情況給予關懷。下一篇會詳細說明。

若是想要建立團隊，首要之務是**先了解每位成員在這個職場的工作目的**。

工作的目的有千百種。請分別與每個人面談與傾聽，**仔細思考各位成員的工作目的，是否與公司及專案的目標、方向有重疊之處**。

我帶領的《新經濟》編輯部，曾經聘用一位就讀大學的女工讀生。

她當初對區塊鏈一點興趣都沒有，所以我問了她對於未來的夢想。她說：「我想當時尚或美妝方面的網紅。」據說她平時就一直在社群網路上發表。

聽到她的回答後，我對她說：「區塊鏈產業的網紅與其他產業相比還很少。如果妳具備區塊鏈的知識，對妳將來的活動一定有幫助。雖然領域不同，但是在媒體業工作可以鍛鍊寫文章的能力，相信對妳日後發文也有用處。」她後來努力學習區塊鏈，工作了將近一年後，現在成了編輯部的一大助力。

由此可知，管理團隊的重要關鍵，便是先了解每位成員的工作目的，再將各人的目的與團隊整體的目的相結合。就像對立志出人頭地的成員稱頌成功的美妙，最聰明的做法便是**讓對方看到經由目前的工作達到理想目標的可能性。**

本來就不會有100%的完美團隊

想要帶領團隊邁向理想目標，橫亙眼前的是「理想形象」。

任何人都有「建立夢幻團隊」的理想。但是建立團隊時，**最好先做好心理準備，不可能建立心目中百分之百完美的團隊**。

即使運氣不錯，打造了理想中的夢幻團隊，但這樣的團隊也未必戰無不勝。

各位不妨想想田徑的接力賽跑。集結個人成績最快的選手組成隊伍，眞的就能拿第一嗎？未必如此吧。接力賽跑除了要求各個選手的跑步速度，影響致勝關鍵的還有傳接棒的效率以及接棒順序。

若是過於堅持完美，就會開始在意每一位成員的表現，特別是看到表現不佳的成員，便容易心煩意亂。能立刻換掉成員當然最好，可惜沒那麼簡單。

希望團隊能展現成果的話，請放棄「建立100％完美團隊」的理想，改爲**「建立接近100％完美的團隊」**。即使目前的實力只有80％，仍是可以試著改善成員的定位與與團隊的運作方式，以期將成員的表現發揮得猶如100％完美的團隊。

對於肩負重大專案的折疊者來說，如何提升團隊成員的表現，便是一大考驗。

我以折疊者的身分負責的專案規模愈龐大，參與團隊的成員人數也愈多。而我最大的困擾，就是如何提升團隊的表現。爲了減輕一些困擾，我動用了以前常用的「犯規」手段。

二十多歲時挑大樑的專案，是我從來沒遇過的大案子，所以非常希望它能成功。我找來的團隊成員，也都是身負優秀技能的一時之選。

然而，等到專案開始運作，小差錯卻頻頻出現。爲了避免重蹈覆轍，我只得花不少時間事先確認。

我便在這時候心想，既然要花那麼多時間確認，我乾脆不要麻煩成員，自己全部攬下來做比較快。

當時的團隊成員中，資歷最久的是我這個專案領導人。我在團隊中的工作能力當然也最強。那時候，我說什麼也要讓專案成功，結果自己攬下了許多工作。團隊成員可以準時下班，我卻每天深夜才能回家。儘管如此，我還是希望提升專案的品質，於是只把無關緊要的工作交給成員，自己擔下許多工作。

到頭來，這項專案看不到折疊者的身影。我本來應該綜觀整個專案指揮團隊運作，卻只能一頭栽進眼前的工作。

我終究不堪負荷。那項專案雖然有所成果，但是無法長久持續。主要是因爲我一手包辦了重要的工作，剝奪了團隊成員的成長機會。

這種問題很容易發生在較適合擔任折疊者的人身上，也就是一絲不苟的人或完美主義者。「我希望專案能成功」、「我不想讓工作品質變差」，我十分理解這樣的心情。不過，鞠躬盡瘁追求100％完美，才是100％錯誤。

折疊者不需要凡事親力親爲，而是要致力於建立機制與管理，思考如何讓目前的成員發揮高水準的工作表現。也不要試圖建立100％的團隊，**最重要的是將目**

標著眼於提升目前團隊的最佳表現。

即使表現出來的品質不如預期，也要試著放手讓團隊成員處理工作。不論成員的能力如何，只要累積足夠的經驗，便能提昇工作的品質。當經驗愈來愈豐富，團隊實力便愈來愈堅強，自然而然能提升團隊的表現。

折疊者在運作團隊時，應該採取什麼樣的立場？折疊者應當成爲傳教士，不遺餘力宣揚專案領導人、也就是攤開者的熱忱。

另一方面，在第一線實行專案的團隊成員，接觸攤開者的機會不像折疊者那麼多。攤開者也不是沒機會見到團隊成員，只是沒有多餘心力顧及團隊的基層。攤開者雖然秉持熱忱讓團隊成員看見手中高舉的專案目標大旗，平時卻沒辦法抽出太多時間鼓舞團隊成員。

所以折疊者**要替攤開者與團隊成員溝通，讓所有人了解攤開者的熱忱**。

不過，僅僅將攤開者的話語如實傳達還不足夠。如果可以，請打鐵趁熱，讓大家知道攤開者的熱忱。攤開者說話的語氣若是激動，你也要以同樣激動的語氣代爲傳達。或者根據情況，比攤開者更激動也無妨。

在此分享一則有點年代的故事。日本足球國家代表隊由菲利普・特魯西埃（Philippe TROUSSIER）擔任總教練時，最爲人津津樂道的是負責翻譯的弗洛朗・達巴迪（Florent Dabadie）。他在比賽期間向選手傳達總教練的指示時，肢體語言比特魯西埃總教練更誇張，進而鼓舞了整個球隊。像他那樣誇大的肢體語言或許值得參考。

除了熱忱以外，折疊者也應該向所有成員補充更明確的指示，讓第一線得以付諸實行。

攤開者的願景有時規模龐大，有時顯得抽象。折疊者的職責便是**將它具體傳達，讓各個成員能夠做好自己在團隊裡的工作**。因此，下達指示時請精確到日常工作實務的程度，例如推行業務的方式以及使用哪一種工具等等。如此一來，團隊在實行專案的過程中，所有成員若是能帶著期許推行那是再好不過。例如「攤開者是○○的話，應該會這樣想」、「我的工作有助於實現那項願景」。

成為最能理解團隊成員的人

折疊者身為最理解攤開者的人，肩負的職責便是將攤開者的熱忱翻譯給團隊成員；另一方面，折疊者也要**成為最能理解團隊成員的人**。因此，折疊者必須掌握團隊各個成員的工作情況與狀態，也需視情況將成員意見傳達給攤開者。

折疊者若是太偏向攤開者，往往會與團隊成員之間產生隔閡。在這種情況下，出現問題便很棘手。折疊者若是決定站在攤開者這邊，成員便會覺得彼此有了距離，認為「（他）不是站在自己這一邊的」。這一點絕對不可取。因為**折疊者在團隊裡，應該極力保持中立**。

當然，成員也會出差錯而造成麻煩。即使實際上應該由成員負起責任，也不可以責怪對方。成員也許會心生不滿。

如果是成員自己犯了錯，但說到底是因爲運作機制設計得容易出錯，才會產生問題。正因爲如此，折疊者不可以心存偏見，必須時常保持冷靜，思考最完善的舉措。

至於折疊者的定位，最理想的是成爲攤開者的**「得力助手」**，同時也是團隊成員眼中**「親切的大哥哥（大姊姊）」**。

想要做到這一點，平時就要多聽團隊成員的心聲。定期安排一對一與成員溝通交流的機會。最重要的是讓成員知道自己平時都有在關心他、理解他的想法。**最理想的是與成員建立彼此可以打開天窗說亮話的關係**，例如：「我還沒跟社長或專案領導人提過，但我想先跟你談談。」

必要時也需向攤開者傳達成員的心聲。也就是積極傳達成員對專案有正面影響的意見，以及成員付出的心血與成果。若是可以在折疊者能力範圍內解決成員的麻煩或困擾，便不需要鉅細靡遺傳達。總之，最重要的是打造能讓成員安心工作的環境。

與專案的基本原則或方針有關的重大決策，應當由身爲領導人的攤開者負責；不過，**在日常工作中下達中小型決策，則是在第一線坐鎮指揮的折疊者的重要工作**。

前兩項提到折疊者要將攤開者的熱忱傳達給團隊成員，但是將團隊的熱忱傳達給攤開者同樣是折疊者的重要職責。不過，折疊者千萬不要成了下達日常決策的「傳聲筒」。

如果你深得攤開者的信任，自然能自行決定哪些案件需要呈報攤開者。不過，對自己的判斷沒信心時，最好事先與攤開者磋商。也就是**事先與攤開者達成**

共識，哪一種程度的預算規模及情況可由你下達決策。攤開者與折疊者是否已事先協調磋商，將會大幅影響日後工作的速度。

以折疊者的身分管理團隊時，最不可取的行爲便是由攤開者決定一切。僅僅甘於當個傳聲筒，不足以稱爲折疊者。**攤開者正因為你能替他在某些事情上做出正確的判斷，你才會以折疊者的身分獲得攤開者的信任**。

我過去以折疊者的身分、在許多上司手下工作過。有些上司讓我很尊敬，但老實說，也有的上司令人遺憾。

也許每個人對上司的評分標準各有不同，而我分辨上司是好是壞的關鍵在於**「是否能做出適當決定」**。尤其是能針對商量內容當機立斷下達指示的上司，最值得信賴。

另一方面，有的上司關切每件瑣事：「我覺得沒問題，爲保險起見，你還是向○○確認一下吧。」看似嚴謹，卻讓人覺得：「那我在這幹嘛？」對於坐鎮指揮專案的折疊者來說，若是無法自行做決定，團隊就會因爲無法正常運作而分崩離析。不僅如此，對攤開者而言，僅僅扮演傳聲筒角色的折疊者，只會增加工作的負擔。

做決定也是折疊者的重要職責。請當一個可靠的決策者，不要只當攤開者或團隊成員的傳聲筒。

下令「Do」的是攤開者，傳達「How」的是折疊者

折疊者一旦意識到有些事情要自己決定，就會發現平時需要折疊者下達決策的情況還不少。

尤其是身爲領導人的攤開者，提出來的目標或工作上的指示往往不甚明確。成員即使明白創意的目的，也無從判斷到底該如何實行。

特別是攤開者愈優秀，設定的目標值與下達的指示內容難度也愈高。成員聽到後或許會覺得「似乎很難實現」，但是攤開者設定的目標值愈高、指示的內容愈難辦，也不失爲強行帶領團隊創下前所未有佳績的大好機會。

這時候正是需要折疊者出馬。折疊者請**思考如何（HOW）達成攤開者提出來的目標或指示，並向成員傳達**。這一刻，考驗的就是折疊者的手腕。

折疊者下達工作上的具體實行步驟，可讓團隊成員順利執行各自的工作。

當然，讓成員了解平時應該如何實行（HOW）工作上的細節，同樣很重要。即使是事務工作，流程如何進行，將會大幅影響工作的效率。總而言之，請在初期鉅細靡遺向成員解說工作的方式。這段時間的心血，將會提高工作成效。

此外，雖說折疊者不一定要實際做過相關工作或者有過類似的工作經驗，但是折疊者完全沒有工作經驗，也不知道該怎麼做時，仍是需要親自嘗試。

尤其是事務工作，完全沒做過的話，就不知道需要花多少勞力與時間。爲了了解到底要讓成員負擔多少工作量，最重要的仍是自己做做看。

實際做過也了解工作內容後，接下來最好**將內容製成標準作業流程**。如果工作內容單純，口頭上說明或者現場實際操作解說便綽綽有餘。只不過，我會盡量將它以標準作業流程的方式留下來。這是我的經驗之談，**口頭上傳授的訣竅，通常很難一如預期正確重現**。老實說，人的記憶力很模稜兩可，成員也有可能沒有認眞聽，或是沒有聽懂。更何況也會遇到成員辭職，不得不重新說明的情形。如果時間充裕，大可以勤於確認成員是否按照指示工作，或是每次都向新成員說明。但恐怕沒那麼多時間，就算有，也是浪費時間。

我建議將標準作業流程製成影片。**使用智慧型手機，將平時在電腦上作業的過程配合口頭解說拍攝下來，如此便綽綽有餘**，這段影片也不必特別後製剪輯。

爲什麼建議以影片呈現呢？因爲製作標準作業流程的缺點是會耗費太多時間，尤其想以書面呈現精確的標準作業流程更是耗時，但是以口頭解說的方式拍成影片就不會那麼麻煩。對於學習標準作業流程的人來說，看影片的感覺會比反覆閱讀書面資料更輕鬆，再加上資訊豐富，可提升理解程度。

因此，有人向成員解說時，我都會在一旁拍成影片當成標準作業流程。並且將它與成員分享，告訴他們：「作業期間如果有不懂的地方，將影片再看一次吧。」

折疊者的工作就是指導成員最適切的方式，請務必花點心思提升團隊的效率。

如果說折疊者具有特定的個性，正適合**「對風險敏感」**並且有點瞎操心的人。

不論規模是大或小，**掌控整個風險就是折疊者的職責**。如前一章所提到的，攤開者只需了解最大的風險，但是折疊者必須盡量鉅細靡遺了解可能發生的所有風險。當然，即使布下天羅地網防範，風險之芽依然會隨著專案進展而不斷冒出來。因此，事先做好萬全準備，才能確保萬無一失。請在專案推行之際，與團隊成員充分溝通，**預設所有「可能發生的情況」**。

容易引發問題的因素，可概分爲兩種。

第一種是溝通方面。請不時與成員溝通交流，確認工作上是否有誤解或差錯。然而，如果不是當事者，實在很難發現由溝通引起的問題。通常只能從成員的業務報告中的蛛絲馬跡推斷。

關鍵在於**不放過「一點異樣」**。收到成員的報告時，若是覺得不太對勁，例如「報告的部分內容有些模稜兩可」、「雙方的說詞有點不同」，不妨仔細傾聽。

溝通不良源自些微的分歧，在第一線一起工作的同事有時也很難察覺，這時候便需要折疊者出馬。**綜觀全體，尋找是否有「一點異樣」，藉此推測溝通上的歧見**，並且從中事先摘除可能導致風險的主要因素。

另一種則是人爲疏失，也就是所謂的「粗心大意」，即使很難防範到萬無一失的地步，仍然有可能事先建立一套不容易出錯的制度。因此，**請設法建立一套具備確認功能或備份的制度，甚至是替代方案**。

舉例來說，將自己遇到的問題詳實記錄下來，經手過許多專案後，自然會意識到即使工作內容與產業類別不同，引發問題的關鍵都大同小異。因爲產生人爲疏失或使人粗心大意的關鍵都很類似。

如果自己在微不足道的工作上也犯了錯，最重要的是記錄問題發生的情況、引發問題的原因，草草幾筆記下來也無妨。

累積了豐富經驗後，你的敏銳度也會提升，**能夠洞燭機先意識到「這裡可能會發生問題」**。

獲得再多訣竅，遠不如經驗累積，因爲這只能以豐富經驗取勝。由此可知，每一項工作必定能在日後派上用場。

因此，對於實際上不太想做的工作，我會試著**樂觀地想：「這次的工作經驗，一定會在將來遇到自己想做的工作時派上用場。」**事實上，我初出茅廬時的工作經驗，直到現在依然十分有用。

折疊者須設想所有風險，盡量做好萬全準備，確保萬無一失。一旦遇到問題，要記下發生的場合，避免重蹈覆轍。

成功是團隊成員的功勞，失敗是自己的責任

本章最後，將爲各位介紹我在管理團隊時最注重的心態。那就是時刻不忘**「成功是團隊成員的功勞，失敗是我自己的責任」**。

雖然提過很多次了，我曾經和形形色色的上司一起共事。其中有的上司會搶團隊成員的功勞。在居酒屋大罵上司時，這種上司每次都是高居話題寶座吧。

我年輕的時候也被上司搶過功勞，眞的非常不甘心。**對於在團隊裡工作的商務人士來說，上司把成員的功勞當成自己的，無疑是絕不可取的犯規行為**。當然，身爲折疊者也不可以這麼做。

我在九十七頁提到分辨上司是好是壞的關鍵在於「是否能做出適當決定」。

如果再舉出另一項關鍵，那就是上司**是否能獲得下屬的信賴**。

業績數字漂亮固然重要，但是團隊內部缺乏信賴關係的話，以中長期的發展來看，想必很難維持成果。

會搶下屬功勞的人，極有可能會拚命追求短期的成效與自己的聲譽。令人遺憾的是，這種上司往往會在出現問題或失敗的時候，將過錯推給第一線的成員。特別是負責評鑑眾多管理職的社長或董事等高層一定會評估這一點。

請各位不要誤解，我並不是說自己不需要任何肯定，每個人當然都希望自己的工作能力獲得肯定。

周遭人們**理應對工作態度努力認真的人給予正面評價**。事實上，我至今仍是抱持「成功是團隊成員的功勞，失敗是我自己的責任」的心態投入工作，我也自認爲獲得了適切的評價。

相反的，經營者若是無法正面肯定以這種心態投入工作的管理職，這種公司絕對不會長久。爲了讓自己獲得公司的合理評價，請抱著「成功是團隊成員的功勞，失敗是我自己的責任」的心態，投入日常工作中。

專欄

我就這樣成為「折疊者」3

意外成爲編輯，創建新部門

二〇〇〇年下半年，幻冬舍的見城社長逐漸將他的交友圈擴及網路產業。許多知名的資訊業社長每個月總會多次拜訪見城社長尋求網路方面的合作。見城社長每次都會要我同席開會：「設樂，我不太了解網路，你過來一起聽吧。」

那時候，有幸聽到眾多知名資訊業社長的簡報，真的讓我獲益匪淺。這些體驗便成了我的寶貴資產。

當我執行公司跨部門的網路相關工作，業務部門的上司也讓我負責網路方面的工作。當時幻冬舍的相關企業與活力門（Livedoor）合資成立了「Livedoor Publishing」出版社，並與思數網路公司（CyberAgent）合資組成「AmebaBooks」出版社，便由我負責這兩間出版社的專案管理與業務方案。

至於與資訊業的合作，由於服裝、工作方式、文化各不相同，感覺非常有趣刺激。因為文化差異太大，成立初期便在第一線出現各種糾紛與認知上的歧異。我覺得自己就是在實行專案的過程中一一調整，學到了折疊者所需的「帶動團隊的技能」。

不可思議的是，我就在那個時候，出其不意接到了學生時代一心嚮往的編輯工作。

我負責編輯的第一本書，是手機小說《新宿日記》。之所以經手這部作品，是見城社長有一天突然打電話給我：「現在手機小說賣得不錯，我希望幻冬舍也能出版。設樂，你比較熟悉網路，就交給你吧。」

我不禁目瞪口呆。我或許對網路很熟悉，可是完全沒編輯過書。於是回問見城社長：「我做得來嗎？」他說：「當然可以啊！有志者事竟成，趕快多看看，找出好作品來！」我就這樣接下了那本書的編輯工作。

編輯第二本書的機會，是與「TOKYO FM」廣播電台的《SCHOOL OF LOCK!》節目共同合作的企畫「十代7限定文學新人獎『蒼き賞』」。事實上，這項企畫原本是我的天馬行空想法。我當時很喜歡那個節目，向製作人提出後，便著手實行。那個廣播節目深受年輕人喜愛，節目推出的十代限定音樂比賽也在音樂界掀起話題，誕生了諸如「GLIM SPANKY」、「我念歌詞呆呆的（ぼくのりりっくのぼうよみ）」等許多日後活躍於第一線的音樂人。我聽著這些音樂，頓時有了想法：「我想做成文學版的專案。」於是向節目製作人提議：「我們來辦一個十代限定的文學獎吧。」

最後多達數千名孩子報名參賽，從中選出六名大獎入圍者。其中一名作家就是由我負責編輯。

隨著即將邁向而立之年，我逐漸擴大了工作範圍。

我雖然身在業務部門，但是與編輯部門一起執行雜誌及網路相關宣傳企畫的機會愈來愈多。同時也有幸參與見城社長和石原常務董事等高階主管提出來的眾多新事業，以及與其他企業合作的專案。

7　譯注：指十歲至十九歲的一字頭年紀。

最後，我與大型知名企業的合作機會增加，執行的專案規模也更加龐大。當責任隨著目標提高而日益沉重，與這些公司交涉以及實行專案的過程也愈發艱難。除了網際網路的知識以外，我也需要加強經營及法律方面的知識，就像當初學寫程式一樣，我也拚命讓自己的知識與經驗跟得上工作所需。為了穩步實行眼前的工作，我唯有全力以赴。

回首過往，那時候與眾多企業及相關公司艱難交手的經驗，成了我日後以「折疊者」的身分穩步實行專案的大好機會。

接下來，我遇到了天賜良機。

當時正值史蒂夫·賈伯斯先生發表第一代iPad，他一手拿著小巧平板，向全世界展示各項新穎的內容。與此同時，媒體報導日本各家大型出版社齊聚一堂，組成了社團法人「日本電子書籍出版社協會」。但是名單上沒有幻冬舍。

石原常務董事看了報導後，打電話問我：「我覺得幻冬舍也應該認真發展電子書，你覺得呢？」由於我在前一年的「蒼き賞」便參與製作電子書，所以對這塊市場十分感興趣。再加上與撰寫手機小說的作家交流過，我了解年輕族群並不排斥在電子產品上閱讀作品。

於是我回答：「我認為電子書絕對會流行。我們也加入協會吧。」

石原常務董事與我當天便拜訪日本電子書籍出版社協會的代表董事，決定加入協會。辦手續只需繳交文件即可，不過，當我們將文件交給代表董事，他說：「請在這裡寫下負責電子書事務的部門名稱。」

回程途中，石原常務董事提議：「幻冬舍沒有負責電子書的部門啊，可是文件上一定要填。設樂，乾脆你來成立部門吧？」我立刻回答：「我願意。」我就在三十一歲時成立了自己的部門。我希望部門除了電子書業務以外，也包辦網際網路所有相關業務，所以把部門命名為「數位內容部門」。

我的部門就此成立。美其名是部門，實際上工作人員只有我跟工讀生兩人而已。部門地點也不過是將地下室的會議室打通，改裝成六個榻榻米大小的小型辦公區域。畢竟是還沒賺到半毛錢的事業，這一點可以理解。我們就在這樣的環境下，展開新部門的活動。

電子書業務最麻煩的，莫過於在公司內部交涉作者的授權事宜。當時電子書幾乎沒有銷量可言。對作者來說，將作品製成電子書販售根本沒有任何經濟效益。也因此，這項工作對於和作家交涉書籍數位化的編輯而言實在吃力不討好。畢竟得花時間向作者說明電子書的製作方式以及通路機制，還有重新擬定或簽訂合約。因為沒什麼經濟效益，所以大家都興趣缺缺。

在這種情況下，我想起身為攤開者的見城社長常說的一句話：「人生是一個人的狂熱。」

這句話的意思是，「想讓專案或業務順利進展，需要一股如瘋似狂的狂熱之力」。我認為自己身為攤開者，必須全心投入這項專案，為電子書奉獻一個人的狂熱。

於是，我在公司內部會議不時談到電子書，也常在走廊與其他編輯擦身而過時，問問他們願不願意將手上作者的作品數位化成電子書。我就是如此死纏爛打，說到有的工作人員一聽到「電子書」的話題就皺眉頭。

與授權工作奮戰多年後，公司內部了解電子書的人愈來愈多，更有不少作家表示「就算不賺錢，也想嘗試新的出書管道」，作品陣容也因此豐富許多。儘管如此，銷售金額仍不足以填補我們的人事費用。

不過，電子書的潮流確實來臨。國內外的平台業者接連投入，市場逐漸擴大，幻冬舍的電子書銷量也跟著水漲船高。

由我和工讀生兩個人撐起來的部門，也新聘了兩名中途跳槽的人員。六個榻榻米大的辦公室確實容納不下四個人，所以又打通了隔壁的房間，擴增成十二個榻榻米大的辦公室。

在新成員加入之前，我除了處理業務工作之外，一個人還包辦了電子書的授權談判、擬定合約、編輯出版、書店業務、安排通路、促銷推廣、業績管理、支付版稅以及業績分析。隨著成員增加，我總算能將這些業務建立系統，分擔給其他人了。

新加入的成員也十分優秀，所以我將第一線的運籌帷幄交給他們，我可以專注在較迫切的促銷推廣與籌備新企畫以及對外洽談拓展通路，以便提升電子書的業績。

我也發展出一套模式，由我不斷推出新創意，再交由成員與外部的公司妥善執行。我們的電子書業務終於逐步踏上軌道。

在我們這個小小部門艱苦奮戰的時期，有一件事讓我十分開心。雜誌廣告業務部門有一位業績亮眼的女同事。

有一天，她向見城社長提出申請：「我想去設樂先生的部門。」

我以前就認識她，但平時並不怎麼熟絡，因此聽到這消息時很驚訝。不過，我也聽說她非常優秀，當見城社長詢問我的意願：「她想調到你的部門。」我二話不說答應：「當然歡迎。」

我的部門業績雖然緩緩提升，但是在公司內部仍屬於新部門，沒有太大的發言權。就在這時候，其他部門的優秀職員希望調到我這裡來，我個人也非常開心，這件事足可證明我們部門在公司內部的地位有所提升。由於成員增加，位於地下室的臨時辦公室顯得侷促，我們也因此名正言順地將辦公桌搬出地下室，得以和其他部門處在同樣的空間。

我的部門業績從此更上層樓，讓我放下心中的大石。不過，見城社長並不是滿足於現狀的人。

第4章

善於溝通是折疊者必備的工作技能

本章將為各位介紹折疊者必備的溝通技巧與時間管理。

在三十歲前練就這兩項紮實工作基礎的人最具優勢。老實說，這些技能甚至比取得 MBA 證照或拿下 TOEIC 高分還重要。如果沒有紮實基礎，考取再優秀的證照都沒用。

請先大致讀過接下來所要介紹的內容，其中如果有些部分自認為「已經做得很好了」，請不必客氣，略過無妨。若是有些內容值得自己的團隊成員或下屬徹底實踐，請不吝參考，當作教學指南。

溝通 1

禮貌是工作上的「高CP值武器」

我在工作中領會一件事，**最強大的武器莫過於「不討人厭」**。以折疊者身分實行專案，需動員公司內外的許多人，這時候最關鍵的，就是**「溝通無礙」**。實行工作的首要之務，便是打造一個讓專案相關人員得以順暢交流的環境，其中的關鍵就是「不討人厭」。

當然，人難免有愛憎好惡。工作期間也許會遇到實在合不來的人。在這種情況下勉強與對方配合，對自己或對方來說都是一件苦差事。

折疊者的目標是在實行工作時，**「討人喜歡到得以順暢溝通的程度」**。也就是說，「不太惹人厭」的意思。能當個萬人迷自然最好，（即使沒辦法做到人見人愛）能做到不討人厭也算是一項優秀的技能。

話說回來，如何才能構築不討人厭的人際關係呢？

方法非常簡單。

——**打招呼**。

——**道謝**。

——**稱呼對方的名字**。

就這三項。也許有人認爲：「你說的都是稀鬆平常的事啊。」可是，沒有多少人能意識到這三項的優點並徹底實行。

認眞打招呼

我相信有許多人會跟同一部門或團隊成員打招呼。不過，跟包括其他部門在內的公司同事也會認眞打招呼嗎？還是就算會說句「辛苦了」，但是聲如細蚊、也沒正眼看對方地應付了事呢？

離開公司時、穿過走廊時、在洗手間遇到時……同在一個職場上工作，與人擦身而過的機會比想像中還多。

其他部門的人即使目前與自己無甚關連，也有可能因爲新專案而突然共事。這時候，自己若是能在對方心中留下好印象：「雖然不知道他的名字，但是他總是會跟我打招呼。」光是如此，工作就會順利許多。

人若是待在熟悉的環境，往往不把打招呼當一回事。但是再怎麼忙碌，好歹也做得到朝氣十足地說「早安」、「辛苦了」吧。

不論是商務場合或建立人際關係，打招呼都是基本中的基本，可說是非常值回票價的舉動。至少在公司內部，盡量朝氣十足多主動與人打招呼。只要心想這項舉動經過日積月累，可讓自己未來在工作上的人際關係更和諧，就會覺得很划算吧。

道謝

向人道謝，也非常重要。你會向團隊成員或總務、會計等後勤部門的成員眞誠道謝嗎？道謝的對象不僅限於公司內部的同事，也包括公司外部的客戶及外包廠商。

拜託別人工作之後，即使是微不足道的瑣事也向人道謝，便是構築和諧人際關係的重要關鍵。

緊急時刻或遇到麻煩時，更不可忘記向伸出援手的人道謝。然而，有空的話一定要向人道謝，受人之託的會比你所想的更在意你的反應。下次再委託同一個人時，**對方若是想起來：「這個人當時沒有跟我道謝。」最大的風險便是不會優先處理你的工作，或者百般推託不願幫忙**，因爲人的情緒會大幅影響行爲。

工作是集眾人之力完成，幾乎沒有哪份工作可以憑一己之力完成。**不時把「謝謝」、「多虧你幫忙」掛在嘴邊，不但容易建立良好的人際關係，也較容易產生信賴感**。長久累積下來，便會增加一些願意在關鍵時刻拔刀相助的夥伴。

稱呼對方的名字

向人道謝時，最好要稱呼對方的名字。

例如將工作委託名叫箕輪的人，如果他確實完成交辦的工作，不要只向他說

「謝謝」，而是稱呼他的名字：「謝謝你。眞的多虧箕輪先生所做的一切。」

認知心理學領域有所謂的「雞尾酒會效應」。意思是即使一大堆人談天說笑，依然會自然而然地聽到自己的名字或是感興趣的話題。職場也許不像派對現場那麼嘈雜，但只要有人叫自己的名字，我們自然會豎起耳朵，留神傾聽。

我也是如此，見城社長如果對我說「設樂，謝謝你」，肯定比單純的一句「謝謝」更能激勵我。花一點心思，對方聽起來也會比預期的更開心。請從今天起主動稱呼對方的名字。

溝通 2

報告與說明得不厭其煩地指出「誰」做的

工作需經過多次溝通才能完成。溝通過程中，最常出現的問題便是**資訊不足引起誤會**。

工作上需要報告或說明時，如果沒有將情況明確傳達給對方，或者沒有澄清誤會，就會造成溝通不良。

舉例來說，假設你向上司報告與客戶之間的問題。

「我確認過有人客訴說『交貨量很少』，但是因爲說『還有庫存』，所以決定再次交貨。」

乍看之下可以理解報告的內容，如果報告的對象對你的業務內容或客戶資訊等背景十分熟悉，或許要邊聽邊揣測（或者不自覺地腦補資訊）才懂得報告內容說的是什麼。

然而，這樣的報告內容相當危險。因爲這份報告省略了太多主詞。**沒有主詞的內容，極有可能遭到曲解**。

報告或說明時，**最好要明確指出「誰」做了什麼事以及當時情況如何**。鉅細靡遺到會讓人覺得「會不會太誇張？」的程度，比較不容易出問題吧。

前面所說的報告，可換成以下的正式說法：

「昨天**B公司的W先生向我**客訴說『下定數量與交貨數量不符』。我確認了交貨數量，的確是**我的**疏失。當**我向商品管理部門的A先生**確認，**原本要交給B公司的商品是否還有庫存，A先生**說公司裡還有庫存，所以**我**把不足的部分**補交給B公司**了。」

像這樣明確指出主詞，別人就知道所說的內容提到了三個人。同時也能全盤了解這三個人在這件事分別採取的行動。

主詞明確的話，聽的人便能理解，不至於產生誤會。上司向其他人轉達這起糾紛的處理方式時，也不容易造成誤解。

例如看電影，如果你從中間才開始看，就得花一點時間才能理解劇情，「剛剛對白說的『那個人』是指誰啊？」

請設身處地想一想，聽你報告或說明的人，基本上對這件事情毫不知情。請在傳達情況時，注意清楚交代來龍去脈與登場人物。**鉅細靡遺一點也不為過**。

明白上司真正的想法再執行

各位是不是有過經驗，「我按照上司的指示做了，他卻不開心。」或是「上面叫我重做。」職場溝通最容易出現的問題，就是下達指令所產生的誤會。

「照所說的去做」，便是工作上最基本的道理。培訓新進員工時可能因爲太過基本而略過不提，沒有特別指導。但是根據我的經驗，做不到這一點的人比預期的還多。**若是缺乏想像力，揣摩不到對方下達指示背後的深意，誤會便因此而生**。

爲了正確解讀對方的深意，收到上司下達的指示後，不要只顧著言聽計從，**最重要的是發揮想像力，思考「上司給我這項指示的目的是什麼」**。

「上司的想法」就是指示的核心。

然而，上司有可能不會把自己的想法一五一十說出來。「去準備開會要用的資料。」上司就算簡單交代了工作，也不清楚他是希望你學會如何準備資料才委託，還是平時負責準備資料的人請假，希望你照原來的格式去做就夠了。

上司究竟是根據哪一種心態下達指示，會大幅影響受託者的作業量多寡。

從這一點來看，收到上司下達的指示後，必須先揣摩上司的意圖。

「請問您打算如何使用這些資料呢？」

「請問照〇〇平時準備資料所使用的格式去做就好嗎？」諸如此類，**試著提出問題揣測上司腦袋裡的想法，便能將工作完成至符合上司的期望，避免不必要的問題與失誤**。

我剛進公司時也常誤解上司的指示。我滿腦子只想著「超越同事」，也沒有確認指示事項的目的，只顧按自己的方式傾注心血。然而，上司不但沒有稱讚我的成果，反倒不耐煩地說：「幹嘛做這些有的沒的！」

首先，**請發揮想像力，揣摩上司下達指示的真正目的與意圖**。

對方下達指示時，比你所想的更有深意。「爲什麼要叫我做這種沒意義的事情？」即使心裡這麼想，但是爲了揣摩上司的意圖，最好要對上司所說的話言聽計從至少六個月左右。

等到深信自己所揣摩的不會出錯，便能在交辦工作上運用一點巧思及附加價值。

溝通 4

設想對方的情況再採取行動

截至目前爲止與各位分享了溝通上的訣竅，接下來要介紹的**「設想對方的情況再採取行動」**，更是所有訣竅中最重要的一項。

舉例來說，上司透過電子郵件交代你：「火速把A資料送過來。」可是，不知道上司是不是正在趕路，你打電話給他都聯絡不上。請問，你要用什麼方式把資料交給上司？

假設A資料是一份PowerPoint檔案。如果上司可以透過電腦查看資料，只需在回信時附加檔案即可。

不過，上司有可能在趕路，沒辦法開電腦，或許會想透過智慧型手機查看資料。若是將PowerPoint檔案寄出去，有可能因爲機型或應用程式不相容而打不開，或是文字難以閱讀。這時候先將PowerPoint檔案轉成ＰＤＦ檔案再寄出去，上司就能立刻確認資料了。

反過來說，不知道對方的情況時該怎麼辦？像這種情況，用兩種格式寄送檔案最保險。如此一來，對方便能選擇自己能開啓的檔案確認資料。

當經營者這類大忙人要我寄送資料時，我都會在回信時附加PowerPoint檔案與ＰＤＦ檔案，並將資料內文摘出大綱貼在郵件正文裡。因爲大忙人的時間是以秒爲單位，甚至有可能沒時間開啓附加檔案。

以前擔任《共感ＳＮＳ》（幻冬舍）的編輯時，作者菅本裕子[8]小姐與我主要是透過LINE溝通。平時有在使用的人就明白，用LINE傳送ＰＤＦ檔案的話，必須經過先下載再開啓這兩項步驟。不過，若是將檔案轉成圖片，不必等待讀取就能直接在LINE的視窗裡顯示內容，一下子就能看到。因此，除了圖檔以外，我還會在送出訊息時貼上同樣的文字內容。此外，文字內容若是包含網址（ＵＲＬ），我就會與正文分別傳送。

裕子小姐善於運用社群網路經營自己的品牌，當然也常在推特等媒體上貼網址。傳送的文字內容裡若是摻雜網址，裕子小姐就得將文字內容全部複製下來，再費一番功夫重新複製網址。裕子小姐爲了避免增加額外的麻煩，才會將網址另外張貼。

因爲我見識到她的忙碌程度甚至是以秒爲單位，所以我會事先準備好，讓她隨時隨地都能立刻確認。

想跟大忙人確認事項時，非常適合使用這種方式。

「要爲對方做到這種程度嗎？」或許有人覺得太麻煩，實際上並不會。**愈是替對方設想周到，工作愈能如自己所期望的順利進展**。

體貼對方，正是讓自己溝通無礙的方法。

如果你希望自己的工作順利進展、企畫如願通過、有人聽進自己的請求，請

8　譯注：ゆうこす，AKB48姊妹團體HKT48第一期成員菅本裕子。

發揮想像力，設想對方在你提出請求時的心情與狀況。儘管看似麻煩，但神奇的是，**體貼對方的一點心意，正是讓自己達到目標的最快捷徑。**

溝通 5
隨時替對方以及未來可能接觸的人設想

前一項提到要替對方設身處地著想。既然如此，不妨將原本只替對方設想的想像力擴大範圍。也就是**將你的想像力發揮在直接共事的人以及未來可能接觸的人身上**。

所有工作都需要與眾多人互動才能完成。工作上的溝通猶如一場壯觀的人力接龍，推動商務所需的人手遠遠超乎想像。由此可知，讓溝通順暢無礙何等重要。

例如塞車，起因是一輛車子沒有留意到前方的路是上坡還減速，導致後面的車輛跟著踩一點煞車，造成連鎖反應。

工作也是如此，即使自己與直接相關的人相處融洽，但是與間接相關的人若是溝通受阻，就會逐漸影響整體。爲避免這種情況發生，設身處地替人著想的範圍最好盡量擴大到工作上間接相關的人。

假設你從事的是業務工作，需要向第一線的負責人提案新產品。對方聽了提案後，顯得「躍躍欲試」的樣子。你心想：「太好了！」於是向上司報告「產品應該能賣」。

然而，過了好幾天，遲遲等不到對方詢價。心想不對勁而趕忙聯繫對方，對方卻說：「我是很想買，可是上司不批准。」結果不湊巧，你的上司竟然開口詢問：「對方還沒付款嗎？是你說應該能賣掉的，我都跟高層報告了啊。」頓時讓你不知所措。

這個例子需要注意兩項重點。

第一項是向對方提案的內容，並沒有足以打動對方上司的部分。去對方公司洽談時，若是能大致猜出負責人沒有決定權，不妨在洽談時詢問：「請問負責批准這項企畫的人有沒有選擇標準？」如此一來，也許能在提案時加入足以說服對方上司的內容。

第二項重點是你跟上司報告的內容。

業務工作上可能傳出佳音，確實會迫不及待向上司報告。然而，你的上司也許正好因爲這個月的業績未達到目標而被高層念。而你在這時候說「產品應該能賣」，上司可能就會向高層報告說「產品賣得掉」。

再進一步設想，當高層向社長報告這件事，社長便有可能因此下定重大經營決策，打算大量生產這項產品。

工作便是由息息相關的許多人合力完成。了解這一點後，**最重要的是在採取行動之前，多發揮想像力，替對方以及未來可能接觸的人設想及分析情況**。

時間管理 1

掌握自己的工作速度

閱讀本書的眾多商務人士，手上是不是同時進行好幾項工作呢？應該很少人只專注於一項工作。然而，即使只專注處理一件事，有時也會因爲客戶打電話來、收到電子郵件、上司或下屬來找自己說話而難以集中心神。

這時候最好先擁有一項強大武器，也就是**時間管理能力**。可以說善於掌控時間的人，也善於掌控工作，因爲這是工作上的重要技能。

時間管理的首要之務，便是**精確掌握自己處理任務所需的時間**。許多人往往會把自己處理任務的時間預估得太短。

舉例來說，交辦製作的資料大約一小時就能完成，可是我們無法預料作業途中會發生什麼事。說不定是社長有事找自己，或是客戶突然打電話來。

這時候應該做的是**了解自己的工作速度**。

請精確記錄平時工作期間，處理各項任務所需的時間。不妨按照自己的喜好，寫在筆記本上或利用應用程式都可以。

——8：45～9：00確認電子郵件或通訊軟體Slack（15分）
——9：00～9：10朝會（10分）
——9：10～9：30回覆電子郵件（3封，20分）
——9：30～9：55準備業務會議資料（25分）
——9：55～10：00前往會議室（5分）
——10：00～10：30業務會議（30分）
——10：30～11：00主管會議（30分）
——11：00～11：10回到辦公室／與同事閒聊（10分）
——11：10～13：00製作企畫書（110分）
——13：00～13：50午餐（50分）

諸如此類，鉅細靡遺記錄當天的工作內容與各項舉動。

重點在於**詳實記錄業務以外的內容**。

例如「瀏覽網路新聞」、「與成員閒聊」、「午餐」等等，一開始就要詳實記錄。同時也要把通勤等移動時間或休息時間記下來。

剛開始記錄時，盡量使用智慧型手機的計時器功能計算時間。先持續一星期，確實記錄自己的一舉一動。

一星期過後，請檢視自己的記錄。如此一來，便能了解即使任務類似，所需的時間也會因爲內容而差距甚大。

例如回覆一封郵件，有的一分鐘就能解決，有的卻得花三十分鐘吧？所需時間自然會隨著處理難度而改變。

將這些記錄對照比較看看，確認每一項任務所需的最長時間與最短時間，平均之後估算自己需要多久時間處理該項任務。例如回覆一封郵件約需要十分鐘、製作一份企畫書約需要兩小時，請照這種方式掌握你處理各項業務或採取行動所需的時間。有了概念後，往後便能提高預估處理任務所需時間的精準度。

工作上許多糾紛都是因爲不能精準預估時間所引起。相信每個人都有過類似的經驗，因爲超過期限或沒有回應等原因而被公司內部的人或客戶責備。沒有人打算從一開始就拖延工作，**純粹是錯估時間所致**。

錯估時間導致延誤工作，從中引發的連鎖反應會打亂許多人的工作時間。正因爲因此，最重要的是確實掌握自己處理任務所需的時間。

時間管理 2

不必浪費無謂時間，開會三十分鐘就夠

了解自己處理任務的大致時間後，試著檢討其中是否有白費功夫或者可以縮短時間的事項。如果每一項任務的處理時間都能盡量縮短一點，長久下來，便能讓工作更有效率。

接下來爲各位介紹容易白費功夫的幾個注意事項。

儘管實際情況因工作內容而異，但是大部分商務人士一整天的預定行程中，佔去一大半時間的通常是會議與協商吧？

不可思議的是，會議與協商總是習慣以「一小時」爲區段。當然，時間長短因內容而異，有的確實需要一小時，但是冷靜想想，不需要花費一小時的應該佔

大多數。

只要具體了解那場會議或協商應該討論與決定的事項，需耗時一小時才能解決的情況實際上並不多。

以我來說，除了腦力激盪等場合需要花較多時間以外，我**基本上會在三十分鐘以內結束會議或協商**。即使像外出拜訪客戶這類難以自行預估時間的場合，也要在開口協商之前，先跟對方說自己只有三十分鐘時間。如此一來，便能多出席幾場會議或協商。

這種做法也適用於電話會議或使用Skype、Zoom等通訊軟體的會議。利用這些工具開會的話，只需講重點，不但容易在短時間內結束，也能節省外出奔波的時間，如果可以，請務必多加利用。

時間管理
3

縮短作業時間能改變工作成果

僅次於會議或協商壓縮工作時間的，便是使用電腦製作繁瑣的文件與企畫書等文書工作，最重要的是竭盡所能縮短這些工作的時間，即使一秒鐘也好。請把自己想成田徑選手或F1賽車手，以這樣的心念投入工作：**「如果能縮短一秒鐘，就能改變工作成果」**。

一般來說，文書工作使用的軟體包括文字編輯器、可用來試算及管理表單的試算表，以及製作企畫書等文件的簡報軟體。

我剛開始用這些軟體時，總是會點開選單操作看看，試一下各項功能。直到現在也是如此，一拿到新軟體就會花一點時間摸索。

藉著嘗試所有功能，便能知道哪個功能最好用，**了解的功能愈多，也會大幅加快工作速度**。

這些軟體有不少方便商務人士使用的功能，既然有這麼方便的功能，不用就太可惜了。即使目前覺得派不上用場，最重要的是有備無患，必要的時候，便是工作上的好幫手。

市面上當然有許多學好這類軟體的工具書或網站，請務必翻看學習。

談到處理文書工作的軟體，除了多熟悉功能以外，也請善加使用快捷鍵，一般最常使用的不外乎複製與貼上，或是「Ctrl」、「Command」與其他按鍵搭配使用的快捷鍵。但除此之外，還有許多搭配一兩個按鍵便十分好用的快捷鍵。請務必研究一下，是否還有哪些快捷鍵可以叫出平時不常使用的選單或是按右鍵才能開啟的功能。請多熟悉快捷鍵，讓工作速度一如字面所說的快捷許多。

我們往往習於例行工作。埋首於例行工作時，精神上會輕鬆得多，但是這樣一來，永遠無法期待它變得更有效率。除了使用軟體與快捷鍵以外，**平時不妨養成提高效率的習慣，思考：「如何再縮短一秒鐘？」**

微不足道的瑣事也無妨。

「搭乘電車的哪一節車廂比較方便轉車呢?」「把較常使用的卡放在錢包最容易拿出來的地方。」諸如此類,平時養成習慣提高效率,自然而然能落實於日常工作中。

時間管理 4

按照緩急程度列代辦清單

掌握自己的工作速度，進而提高繁瑣工作的效率後，接下來便能安排各項工作的優先順序。具體來說，便是**列出待辦工作清單**。可使用應用程式或筆記本等工具，自己用起來方便就好。

重點是按照日期將待辦工作分門別類。我的做法如下：

「今天一定要做的事。」

「本週一定要做的事。」

「本月一定要做的事。」

「不急迫但長期來看一定要做的事。」

先分成四大類，再來製作待辦事項清單。如果覺得分得太瑣碎，管理起來會很麻煩，也可以按照時間順序，分成**「現在立刻」**、**「稍後再做」**、**「長期來看」三大類**。這些分類底下可以多設幾個清單頁面加以管理，我則是在一個待辦清單中，用記號區隔這些類別加以管理。這麼做可省下換頁的步驟，不僅一目了然，也能隨著時間經過輕易移動分類。

分門別類之後，接著在各項分類裡安排優先順序，整理成清單。

應該有不少人認爲，製作待辦清單固然是好，但是時間一久，需要處理的任務愈來愈多，便懶得管理這些清單，最後不了了之。

有兩項重點可避免這種情況。

一項是**定期確認**。在當天早上做完「今天一定要做的事」；在週初做完「本週一定要做的事」；在月初做完「本月一定要做的事」；到了月底一定要確認「不急迫但長期來看一定要做的事」。這便是定期確認，查看進度或更改分類。

另一項是將待辦清單的事項謄到行程表，**輸入具體的實行時間**。安排行程表時，一般往往只記入會議名稱與客人來訪的日期，可是，「客人來訪」這項預定行程，通常伴隨「在客人來訪前發送提醒郵件」、「客人來訪後製作企畫書」等各種業務。因此，這類繁瑣的業務最好記在行程表裡。

我在行程表也詳細寫下了「回信給〇〇」、「跟會計要帳單」等事項。工作事項一旦謄到行程表，就將它從待辦清單中劃掉。

重點便是按照優先順序分門別類管理待辦清單，讓優先順序一目了然，進而落實在往後的行程表。

當然，有時也會遇到預定行程突然變更，或者無法按照行程處理任務的情況。這時候也要如實更改行程表（無法如期完成的業務不可以置之不理）。日積月累的成果，一定會提升你的時間管理技能。

時間管理 5

在未來的預定計畫裡安排緩衝時間

如前一項所說的，即使將工作的優先順序安排好，也有可能遇到無法按計畫實行的情況。例如「上司突然交辦急件」、「原本預定下週交貨，客戶希望提早一些」，這些都是家常便飯吧。

有下屬的人更是如此，即使確實掌控了時間，也容易遭遇突發狀況，像是成員突然找自己商量事情或處理糾紛等等。

因此，規劃未來的行程表時，最好要**預留「緩衝時間」**。將繁瑣的任務記入行程表後，預留緩衝時間可應付突發狀況。

擅長管理繁瑣事項的人，更需要考慮前後兩項行程的內容，保留更多「緩衝時間」。嫌這麼做很麻煩的人，也可以在一星期當中選一天「彈性運用」。

不妨自己定下規則，例如「星期五下午一點以後絕對不要安排預定行程」。儘管**難免會出現突發狀況，但是其他預定計畫絕對不要安排進來**。調整協商日程時，即使專案成員能配合的日期是星期五，也要有勇氣拒絕：「抱歉，那天沒辦法。」

常加班或無法按照預定計畫實行工作的人，大多是太過遷就對方的行程。因此，**請事先預留緩衝時間，遵守自己的預定計畫**。

時間管理 6

實行前一分鐘再檢查一遍，工作品質即可提高30%

試著縮短協商的時間以及預留緩衝時間，對時間的敏感度就會慢慢提升。如此一來，自然而然會盡量讓日常工作更省事。其中特別容易忽略的，就是**「檢查」**工作。這是每個人都能做到的事，卻往往在忙碌的時候省去不做：「算了，不檢查也沒關係吧。」然而，**懶得花時間檢查，無疑是捨本逐末**。

出了差錯，自然需要再次確認與修正。如此一來，耗費的時間反而比檢查更多，結果更加費事。

此外，事先沒有檢查、事後才發現出錯時，會給接收資料的一方造成困擾。

發送資料或電子郵件後，自己若是發現出了錯而再次發送，對方就得將那份資料重新看一次。即使特別指出錯誤之處，畢竟不是自己親自製作的資料，花在重看的時間也會比實際製作的人還要長。**不習慣檢查的人，事後就得耗費一段「負債時間」重新確認**。

如果每次經手的工作，對方都需要再次查看，他會怎麼想呢？也許會想：「我再也不想把工作交給你了。」

餐廳的餐點再怎麼美味可口，每次點了餐都送錯的話，再也沒有人願意光顧吧。

習慣手上的工作後，人往往會在不知不覺間浪費時間。

爲避免如此，完成資料或寫完電子郵件後，請務必檢查過後再發送給對方。

不厭其煩地檢查，便是不浪費時間的第一步。

專欄

我就這樣成為「折疊者」4

遇見好上司好戰友，成就了優秀的折疊者

我在幻冬舍的部門業績順利成長了一段時日後，見城社長找了包括我在內的所有部門成員，詢問：「電子書還順利嗎？」我自信滿滿地回答：「是。」隨即拿出整理好的業績報表請他過目。

我正滿心期待會受到誇獎，見城社長的目光卻從那份資料移開，開口說：「設樂，五年後若是只出紙本書，出版社可能會撐不下去。幻冬舍繼續這樣下去，也一樣不會長久。電子書雖然不錯，但也不能只靠它。再想想辦法！再繼續突破！你們要成立新事業也行，需要的話，成立新公司也行。總而言之，要繼續突破！」

這番鼓勵的話語，實際上更接近鞭策。

我當時猶如當頭棒喝：「是啊，眼界不放寬可不行啊。」自從成立了自己的部門，這幾年只想著讓自己的部門步上軌道。對於電子書這塊市場，我對自己發想的創意當然還是有信心。但是，隨著部門步上軌道，工作上愈發怠惰也是事實。

見城社長與我的眼界層次確實不同，他是在更廣闊的世界奮戰著。

「『數位內容部門』這個部門名稱也不太好啊，感覺眼界有點狹隘了。總之，我希望設樂你們能去摸索紙媒出版以外的『一切』潛在商機。對了，就叫『內容產業部門』吧。」

由於見城社長的提議，我們當天就改了部門名稱。我的工作方針也隨之改變。

我將見城社長的「繼續突破」任務銘記在心，逐步擴大內容產業部門的業務範圍，加上來自其他部門的優秀業務人員加入陣容，我們的戰力也增強不少。

我們首先與圖書編輯部門合作，成立結合媒體與線上商城的自有媒體「幻冬舍plus」。同時也成立「幻冬舍Partners」創意事業，藉助幻冬舍的出書作家或知名人士的表現能力以及幻冬舍的編輯能力，為企業提供宣傳的管道。

我們開始投入內容製作所負責的業務，也新增了幾位來自圖書編輯部門的成員。過去部門只有我與工讀生兩個人而已，不知不覺間成長為總人數二十人的團隊。部門名稱也從內容產業「部」升格為「局」。

儘管如此，見城社長依然要我們繼續投入新事業。他說，為了賺錢，要勇於嘗試各種挑戰。

就在此時，有一位年輕人跳槽到幻冬舍。他的名字是箕輪厚介。

某一天，我的內線電話響起來，電話另一頭正是箕輪。那時候他才剛進公司沒幾天。他說：「我聽說設樂先生是公司裡最熟悉網路的人，不知道能不能向您請教？」

掛斷電話後，我立刻去與箕輪詳談。一踏進約好碰面的會議室，便瞧見一位親和力十足的年輕人坐在那裡。我向他介紹了部門截至目前為止經手的業務，他則是邊聽邊點頭附和：「嗯嗯。哦——，幻冬舍也有做這個啊。」

聽完我說的話之後，箕輪露出和藹的笑容說：「我當編輯的資歷尚淺，感覺在幻冬舍要做別人沒做過的事才行。我比較擅長網際網路，但是幻冬舍的相關書籍比較少，所以我打算朝這方面著手。我覺得往後會與設樂先生有許多合作的機會，還請多多指教。」

事實上，我與箕輪常在各個場合交流資訊。他跟我一樣都是中途跳槽到幻冬舍，就連原本從事廣告業務這項經歷也很相似。再加上他對網際網路以及新內容產業的期許跟我很接近，所以我們很快就意氣相投。我記得我們當時在居酒屋不只談工作上的事，也天南地北暢聊私生活和瞎扯淡。

一如箕輪當初的期望，他全心投入編輯網路知名作者的書籍，並且充分利用網路展開宣傳活動。由於他的個性比較衝，剛開始公司裡的人對他敬而遠之，隨著業績表現出色，漸漸在公司裡站穩了腳步。因為他的工作大多與網際網路有關，我也常有機會助一臂之力。

不清楚是不是知道我與箕輪常交流資訊，每次談到網路相關的話題或新事業，見城社長愈來愈常找我與箕輪去談。這回更下達指示：「我希望設樂與箕輪一起成立網路企業，不斷嘗試新挑戰。總之，想想怎麼把幻冬舍發展成一個平台。」

見城社長不僅下達指示。與各家企業的經營者洽談或餐聚的場合也找我和箕輪出席，為我們安排了許多機會。

他常在會議室問我和箕輪兩人：「你們想做什麼？」那時候，箕輪已跟幾個人組成團隊，我手上也有幾個想做的案件。而我們平時一有空就互相交流，談談想在出版社開啓什麼樣的新事業、希望發展成什麼樣的平台。

這時候激盪出的想法便是與NewsPicks共同合作。這是箕輪提出來的，也就是他構思的創意。他當時本來就是NewsPicks總編輯佐佐木先生的圖書編輯。當他提議「要不要一起合作」，佐佐木先生便欣然答應。我聽到這件事時，也覺得與NewsPicks合作是非常好的選擇。

首先，NewsPicks的強項是幻冬舍當時較弱的商業線內容。

至於幻冬舍這家公司，可能擅長的路線是NewsPicks當時較弱的藝人或網紅、次文化以及文藝等內容。在此之前，我有過各式各樣的共同合作經驗，但此時此刻，真的覺得共同合作非常不容易。

這是理所當然的事。共同合作的過程中，最重要的是「彼此創造雙贏局面（Win-Win）」。換句話說，關鍵在於對方是否有「自家公司沒有但未來前景看好的強項」。就這一點來說，我覺得我們與NewsPicks非常互補。

除此之外，讓我很想跟他們合作的另一個原因，便是NewsPicks這家公司給人感覺很在乎內容的品質。至少從他們發布的內容來看是如此。

許多在商務平台獲致成功的新興企業，有時並不太重視內容。我也曾與這類新興公司共同合作過，合作起來不是很順利。

幻冬舍是一家製造內容的公司，對內容當然十分有心。共同合作的雙方若是在這一點意見不一致，實際合作時，第一線的成員之間便容易產生摩擦。

NewsPicks與幻冬舍，各自擁有彼此缺乏的明顯優勢，更重要的是雙方對於內容的理念很接近。因此，我有預感，這次的共同合作會很順利。

佐佐木先生、箕輪與我三人先針對「雙方如何共同合作」進行了簡單的腦力激盪，再由佐佐木先生彙整這項企畫的相關資料。

那時候，我看到箕輪拍馬屁似的說了一句：「佐佐木先生肯定做得比我好啊。」隨即把企畫立案以及資料製作的工作全丟給佐佐木先生，不禁想：「這傢伙真不簡單啊。」感覺他真是有一股高深莫測的「魅力」啊（笑）。

佐佐木先生將資料彙整後再次來到公司，並向我以及箕輪先生簡報內容。我們預定將簡報內容充實潤飾之後，再一起向見城社長簡報。當時與佐佐木先生同行的正是在前文中稍微提到的野村先生，他就是後來與我共同組成事業單位，製作《折疊包袱巾的人廣播電台》節目的夥伴。

我對野村先生的第一印象是很聰明，真的是實實在在「認真又出色」的人。不過，那時候完全沒想到往後我們會一起辦活動。

我們四個人接著將這項企畫充實了好幾次。我與箕輪針對這項企畫方案向佐佐木先生提出建議：「這樣說明的話，比較容易得到見城社長的同意。」與此同時，我也與野村先生敲定雙方在具體實行這項企畫時，彼此該如何共同合作，例如「如何安排工作人員？」「兩家公司如何處理成本方面的問題？」等等。

向見城社長簡報的日子終於來臨。

佐佐木先生先用他製作的資料進行簡報，我再與箕輪以及野村先生補充佐佐木先生的簡報內容。

見城社長聽完簡報後，立刻說：「馬上去做吧！」就是這句話，催生了後來的「NewsPicks Academia／NewsPicks Book」共同合作企畫。

如今回想起來，當時能參與「NewsPicks Academia／NewsPicks Book」這項工作，正是使我的職場生涯獲得成長的重要轉捩點。箕輪應該也有同樣的感受。

接下來的日子，我們四人為了推動這項企畫，每星期都會碰面討論。佐佐木先生與箕輪不斷發揮創意，我與野村先生則是負責彙整，思考如何實行。後來隨著設計師與工程師加入，每星期的四人會議也逐步擴大至超過十名成員參與。

由佐佐木先生主導的會議，給人一股獨特的熱忱與速度感。或許是平時不太有機會體驗這種形式的會議，因此，每當會議結束，我與箕輪回到公司依然興致勃勃地繼續討論，並且不時感嘆：「真是獲益不少啊。」

我們是在十一月向見城社長簡報，隔年四月便開始營運。當時的情景簡直是名副其實的「手忙腳亂」。企畫尚在規劃階段時，我們決定將服務項目取名為

「NewsPicks Academia」，佐佐木先生也十分堅決地表示：「既然取這名字，那就一定要跟大學一樣在四月開始營運。」老實說，所有工程師聽到這消息都要哭了。

儘管系統上的功能與內容並沒有照當初規劃的全部實現，但是多虧每位工程師的辛苦付出，總算趕在四月提供服務。開始營運的前一天，我們還在Slack群組上針對最終調整討論到三更半夜。所有人情緒高漲，直到天亮依然在Slack傳訊傳個不停，興奮得猶如學園祭[9]的前一晚。

當天早上開始營運，每個人都強撐著睡眼惺忪的眼皮努力在各自的推特上發出訊息。我們的首批服務暫訂限定五百個名額。這是當初在研究社群平台的規模應該多大才能順利運作時，大家經過討論之後決定的策略。我們原本預計「規模要一步一步慢慢擴大」、「最初的一個月先想辦法召集五百個名額，往後每個月再增加固定名額」。出乎意料的是，我們才剛正式營運，便掀起廣大迴響，五百個名額一個上午就額滿了。這可是令人開心的失算。於是，大家連忙討論，花了幾天功夫將名額擴增為一千名。

「NewsPicks Academia」因此有了幸運的開始。

然而，辛苦的才在後頭。我們擬定這項企畫的想法是「提供沒有一家公司能夠模仿的服務」，因此，實行上有不少瘋狂之處。畢竟我們揮灑的是無比天馬行空的發想。

首先是「每個月一定要出書」。也就是說，一名編輯必須連續十二個月每個月都要出版書籍。這項任務確實艱鉅，但是箕輪憑著「除了死，都只是擦傷」[10]的氣勢達成目標。

除了書籍以外，每個月也要舉辦數場活動。這也是每個人拚死拚活做出來的。我們不斷想出各種企畫，將它以出書或辦活動的方式呈現，日復一日過著人仰馬翻的生活。

人仰馬翻的日子促使我們成長茁壯。由於是共同合作的專案，剛開始會明確

9　譯注：類似台灣的校慶活動。

10　譯注：出自箕輪厚介著書《除了死，都只是擦傷：一個狂熱編輯的革命工作哲學》，方智出版。

劃分雙方在業務上所扮演的角色與職責，但親身實行後便發現沒那麼單純。

舉例來說，雖然大致分為幻冬舍負責書籍、NewsPicks負責辦活動，但是我與箕輪也會參與活動的企畫，甚至在活動當天人手不足時充當主持人。如今我上台演講的機會增加不少，全多虧那時候的經驗，我才逐漸不那麼排斥在活動上發言。

我們並不認為誰必須做什麼，所有人都是以「有能力的人就去做」、「做不到的話，便盡自己最大努力」的態度積極參與專案。「NewsPicks Academia」便因此逐步踏上軌道。

營運了半年左右，「想和幻冬舍一起共事」的工作邀約增加許多。身為新事業的負責人，實在是令人雀躍的好消息。我的部門也愈來愈忙碌。

箕輪在「NewsPicks Academia」營運後幾個月，也開辦了如今會員人數超過一千名的「箕輪編輯室」線上沙龍。

他之所以開辦線上沙龍，並不是想做副業，也不是想賺錢。實際上是「NewsPicks Academia」的專案忙得不可開交，他非常希望立即有個能幫忙工作的團隊才開辦沙龍。公司當然也打算成立團隊協助箕輪，但是專案已經開跑，也不可能悠哉悠哉地等待徵才。

「箕輪編輯室」的規模日益龐大。箕輪一頭栽進不要命的緊湊行程持續出書，所有社群成員便從旁協助，並在學習中不斷成長。

有一天，箕輪開口邀我：「我想製作影音對談的內容發布在『箕輪編輯室』，設樂先生要不要上節目？」我回說：「當然好。」當天在約好的時間踏進會議室，大批成員已準備好了攝影器材。

這場對談的主持人詢問：「為什麼箕輪先生開辦了『NewsPicks Academia』，還能不斷成立其他新事業呢？」箕輪這麼回答：

「這全多虧設樂先生啊。我可以想些天馬行空的創意與企畫、成立新事業，並且動用人脈與影響力讓它廣為人知。但是，我實在不擅長處理從中衍生的金錢、數字以及系統方面的問題，也不知道該如何具體實行。這時候助我一臂之力的就是設樂先生啊。他就是替我實踐天馬行空想法的折疊者。」

這場對談內容一播放，就有不少人稱我為「折疊者」。剛開始叫我「折疊者」時感覺有點怪，聽起來像是賣榻榻米的[11]，但仔細想想，便覺得這個稱號非常妙。

直到箕輪說出「折疊者」一詞，我才恍然大悟，原來我一直以來都替見城社長與石原常務董事等眾多上司實行天馬行空的創意。看看其他公司，赫然發現許多進展順利的專案都有箕輪那樣揮灑創意的「攤開者」，以及像我這樣穩步實行專案的「折疊者」。

原來我是折疊者啊。穩步實行工作，確實是折疊者的重要職責。但是我覺得商務場合中，最受矚目的還是揮灑創意的攤開者。我不禁想，再過一段時間後，是否能讓世人更加關注折疊者。

就在思考這個問題時，我想起了NewsPicks的野村先生。如果我是折疊者，在NewsPicks替佐佐木先生實現創意的野村先生同樣是一名折疊者。所以我才聯繫了野村先生，開口邀約：「要不要跟我一起讓大家知道『折疊者』有多重要？」

11　譯注：日語的榻榻米是「畳」，本書提到的折疊者原文則是「畳み人」，難免引起誤會。

第5章

「折疊者」人才能成為最強大的「攤開者」

所謂的攤開者、折疊者，意指一個人在專案或業務中的最佳位置。根據工作內容，以往擔任攤開者角色的，如今成了折疊者；曾經擔任折疊者角色的，這回成了攤開者。過去待在領導者身邊的折疊者，也有可能在新專案中擔任攤開者。或者折疊者經過數年歷練而升遷，有機會帶領一個部門，必要時也得接下攤開者一職。而我認爲「先擔任過折疊者再成爲攤開者」是最強大的。

本章將爲各位介紹折疊者成爲攤開者時所需的準備事項，以及從折疊者轉爲攤開者的好處。

再爲各位整理攤開者與折疊者的職責。

攤開者的職責是構思天馬行空的創意，高舉業務或專案的目標大旗。扮演新事業草創時期的關鍵角色。

另一方面，折疊者扮演的角色，則是與高舉目標大旗的攤開者一起穩步實行業務或專案。也就是管理整個專案並去除所有阻礙，發揮團隊力量推動工作。

本書主題是折疊者的工作術，因此寫了不少折疊者的相關事例；不過，從某個時期開始，我便同時從事攤開者與折疊者的工作。

我在上司長期企畫的工作中擔任折疊者，在自己成立的電子書業務則是負起攤開者的所有職責。我與箕輪一起創立的事業，由於他的目標大旗太過吸引人，我也忍不住自告奮勇擔任折疊者。至於《新經濟》，則是由我擔任總編輯，當個徹底的攤開者。

自己當了攤開者之後，我明白**一項專案絕對少不了折疊者**。我也經手過幾項專案，因爲找不到適合的成員擔任折疊者而吃了苦頭。那時候只得一個人同時身兼攤開者與折疊者。

然而，一個人當兩個人用實在比想像中辛苦得多。一邊構思創意一邊實行的話，自己也會明白心中的創意愈來愈難以施展。一方面考慮是否在這項專案做點新嘗試？一方面又想到新嘗試會增加工作量，進而導致資源不足，還是放棄吧？如此一來，能夠發揮的創意自然受限許多。

如今的我，常有機會發掘人才並任命他擔任新專案的攤開者。請別人擔任攤開者時，我常常在想，最好能找個曾經完整實行過一項專案的人。如果有人能在成立團隊前先考量整個專案，並且穩步執行工作，日後或許有能力創立新事業。換句話說，那樣的人正是折疊者。

一如第一章所介紹的見城社長與箕輪的事例，如今眾所周知的攤開者，有時也會視情況轉爲折疊者，甚至不少人以前就是折疊者。其中固然有例外，但就我所知，優秀的人才幾乎都擔任過折疊者，如本書所說的具備紮實的商務基礎。即使現在看似攤開者的人，也只不過是配合專案所需改變立場罷了。

至少從這一點來看，我認爲，**成為攤開者的人也須具備折疊者的技能，正因為曾擔任過折疊者，才能盡情揮灑天馬行空的創意。**

多觀察成功的攤開者，可潛移默化為有能力的人

先提高折疊者的技能再成爲攤開者，有許多好處。最大的好處便是**獲得與攤開者合作無間實行商務的經驗**。

折疊者並不是只按照攤開者命令執行業務的工作人員，而是就近與攤開者共同實行專案。他會與攤開者一起讓專案變得更有意思，平時也會揣摩攤開者的想法，並且帶動現場第一線投入工作。從這一點來看，**折疊者可說是坐在特等席，就近學習攤開者勇於創新的行為與想法**。

等到自己成了攤開者，當初待在特等席所學到的經驗，便是極爲寶貴的資

產。攤開者也有各種特徵與思考模式。以折疊者的身分參與幾項工作後，便能潛移默化習得攤開者的多數技能。

當你日後成了攤開者，自眾多攤開者潛移默化習得的思考術及行爲模式便能派上用場。學習的對象也不僅限一人，**如果能潛移默化習得多位攤開者的特徵及思考模式，就能預設各種情況。**

我擔任攤開者時，若是對下一步感到猶豫，常會回想當初潛移默化學習過的眾多攤開者遇到這種情況會怎麼做。例如「遇到這種麻煩時，見城社長或箕輪、裕子小姐、佐佐木先生會怎麼處理呢？」

有趣的是，在我腦袋裡的諸位攤開者會根據各種情況，有時幾乎做出相同的決定，有時則不然。不管怎麼說，世界上最在乎這項專案的是你自己。因此，不妨參考腦海中想到的諸位攤開者會有的舉措，進而形塑自己的意見。

由於我與那些攤開者共事過，所以可以像我這樣在腦袋裡模擬過去對我潛移默化的攤開者的種種行爲，當然也可以直接請教他們。

與眾多攤開者共同實行專案的經驗，會在你構思商務創意時助一臂之力。反過來說，若是缺乏這類經驗，年紀輕輕就得硬著頭皮苦思創意，這一點都算不上是好事。

請趁年輕時多找機會**與強大的攤開者共事，累積的經驗會使你成長茁壯。**

折疊者成為攤開者的三大注意事項

在此有些事項想提醒終於能夠擔任「攤開者」一職的折疊者。那就是**攤開者與折疊者該做的工作大不相同**。過去主要以折疊者的身分從事工作的人，即使潛移默化習得許多攤開者的技能，仍是改不掉身為折疊者的習性。如果無法適應身分轉換，恐怕很難成爲攤開者。如此一來，別人對自己的印象便是「工作能力不錯，但是難當大任」。爲避免這種情形，以下爲各位介紹三大注意事項。

觀點要對外而不是對內

折疊者的觀點往往會對內偏向團隊內部或相關公司。這是爲了隨時確認是否能推動團隊順利運作。

反過來說，當你成了攤開者，就要**將觀點完全對外**。比起團隊是否順利運作，更要先考慮世界局勢與市場環境，以及觀察競合服務的動向。總之，請將觀點朝向外面的世界。

不要想當老好人

第四章提到討人喜歡也是折疊者的重要技能。這是與眾多人共同推行專案不可或缺的要件。

然而，**攤開者的工作是創新**。

所有人都認同的創意，並不會引發創新。因爲創新必須大破大立。愈有潛力的創意，愈有可能遭受公司內外的反對。如果對於反彈聲浪或排斥抗拒耿耿於懷，便無法高舉理想遠大的目標大旗。

這一點對於當過折疊者的人來說也許不太容易，不過，想要堅持自己的意見，就不要擔心討人厭。

盡量將工作交辦給別人

接下來要說的是折疊者在構思創意時最容易犯的錯誤。

由於折疊者經手多項業務，自然懂得提高工作效率的方法。於是，當自己轉爲攤開者，不免會注意到許多業務工作以及該做的事項。然而，將這些事務交辦現場第一線後，卻開始擔心無法有效執行。

遇到這種情況，也許會心想乾脆自己來做，畢竟自己來確實快得多。不過，這一點對攤開者而言便是一大問題。

親自處理業務或許能讓工作進度順利無礙，但是成不了大事。請認清自己身爲攤開者的職責，**盡量將業務交辦給別人處理**。

發掘優秀的折疊者

閱讀了前面提到的折疊者成為攤開者時的注意事項，也許有些讀者會覺得：

「我能理解有些事情不應該做，可是不做的話，專案不就無法順利實行嗎？」

確實如此。前面已提到很多次，想要穩步執行專案，除了需要身爲攤開者的你，還需要任命優秀的人才肩負另一個重要職位。

這個職位就是折疊者。

當你以攤開者的身分處理「該做之事」，最需要的便是折疊者。

身爲攤開者的你，首要之務就是**尋找優秀的折疊者**。想要揮灑天馬行空的創意，讓所有人驚嘆不已，便需要能幫助你將創意具體實現的得力助手。

當然，因爲你有折疊者的經驗，構思創意之餘或許也有能力付諸實行。然而，這麼做很難在競賽中脫穎而出。因爲與你競爭的攤開者正和優秀的折疊者攜手合作，盡情揮灑天馬行空的創意。

從眾多專案累積了折疊者的經驗後，理應了解什麼樣的人能成爲優秀的折疊者。請環視公司內部，尋找優秀的折疊者。

當你成了攤開者，不知道該選什麼樣的人擔任折疊者時，請務必再次閱讀本書。

結語

「折疊者」的技能與工作方式，正是經營商務邁向成功的重要關鍵。提高「折疊者」的技能，便是做自己想做的工作的最佳選擇。因此，我想讓更多人了解「折疊者」，讓這個角色更加耀眼。

我與野村先生的想法一致。所以我們立刻組成事業單位，對外傳播訊息。我與野村先生從以前就很喜歡廣播和Podcast，再加上當時「Voicy」應用程式可透過網路傳播語音而掀起話題，我們便決定經由Voicy播放《折疊包袱巾的人廣播電台》節目。

節目首次播放是在二〇一八年二月六日。我們兩人找了一間安靜的會議室，對著智慧型手機生疏摸索地悄悄錄製節目。往後便以一星期一次的頻率播放我們的節目。令人開心的是，節目自播放以來獲得廣大迴響。如今節目的播放集數已超過一百集，播放次數從播出以來已累計超過六十萬次，感謝有這麼多人收聽我們的節目。

與此同時，我們也配合《折疊包袱巾的人廣播電台》的播放，開始經營網路社群「折疊包袱巾的人沙龍」。這個社群會在每個月邀請來賓舉辦例會及讀書會，也會提供限定的內容，讓成員諮商商務上的問題或者深入學習折疊者的商務技能。截至目前爲止，已有許多人參加，一起學習穩步執行工作的訣竅。

我的個人活動也從那時候開始愈來愈充實，獲得各方邀約在研討會上授課或是接受媒體採訪。不僅如此，某間上市公司負責人注意到我們的活動，開口邀約：「請務必擔任敝公司新事業的折疊者。」於是，我至今便以顧問的身分提供協助。

工作方面也安排得很充實。繼「NewsPicks Academia」之後，見城社長與石原常務董事、箕輪接連發揮了天馬行空的創意。除了與CAMPFIRE合資的

「EXODUS」群眾募資出版公司，我們還成立了多家公司。而這些公司與專案當然也是由我擔任折疊者執行業務。

實行多項專案的過程中，我同時有機會成爲發揮創意的攤開者。我成立了幻冬舍的區塊鏈專屬媒體新事業。不知是否與網際網路相仿，我深深著迷於極有可能引爆商務空前革命的區塊鏈技術。於是，我向見城社長提出了天馬行空的想法：「我想成立新媒體，由我來當總編輯。鎖定的是還沒有任何一家出版社出手的領域，我有信心絕對能取得業界第一的成績。」

商務的致勝模式有千百種，但是沒有所謂的必勝之道。我們能做的，便是將獲勝機率提高到最大。

本書介紹的是穩步執行工作的重要事項。讀者讀到最後，也許會覺得書中所寫的不過是基本觀念罷了。

如今的出版市場，較有賣點的是訊息強烈或內容聳動的書籍，而我寫得如此基本，不免有些擔心。一想到萬一讀者在網路上的心得感想全是「設樂只會說些老生常談」，我就忍不住害怕。

市面上教導商務基礎的入門書籍多不勝數。其中不乏有用的內容，但另一方面，我認為大多數內容都很難讓人建立成功的意象。如「前言」所提到的，讀者不應該被加油添醋的商務書籍所影響，然而，閱讀過程中，如果不能激起讀者的滿腔熱血、覺得自己也能成功的話，也很難興致勃勃地讀下去。

我一直覺得市面上需要有一本能讓人建立成功意象，且能打下紮實商務基礎的書。對於大多數商務人士來說，這樣的書才是對他們有幫助的。因此，儘管仍有疑慮，我還是堅決想寫一本這樣的書。

我要再次強調，任何人都沒有在工作上獲致成功的致勝之道。但是任何人都有可能提高成功的機率。最有可能提高成功機率的方法，便是**紮實學習商務基本功，穩步執行眼前的工作**。

加強折疊者的技能，便是提高成功機率的最快捷徑。這也是本書所要傳達的訊息。

沒有人知道你會在什麼時機大展宏圖，你也無從掌控。不過，漫長的工作生涯中，你一定會遇到大好良機。請務必選擇當一名折疊者累積商務實力，靜待良機到來。我絕對不會讓你後悔這般選擇。成爲折疊者，便是最好的工作方式。

我想將折疊者的工作方式發揚光大，而負責企畫本書的作家原正彥（原マサヒコ）先生相當支持我的想法。如果沒有他，也不會有這本書。

還有讓我有機會出版本書的PRESIDENT出版社的渡邉崇先生。感謝渡邉先生指點撰文等事宜，並以資深編輯的身分教導我許多。

平時支援我的兩位編輯，大島永理乃小姐、加藤純平先生。編輯我這個有點囉唆的編輯所寫的書，想必很麻煩吧。即使如此，感謝兩位依然不厭其煩地支持我。因爲你們的支持，我才能完成這份書稿。

「折疊包袱巾的人沙龍」的所有成員。各位在本書草稿階段便提供各種想法，並且在這段期間數次閱讀文稿給予意見，實在助我良多。感謝各位在身邊支持我。

幻冬舍內容產業局的成員。多虧各位在現場穩步執行工作，我才能完成這本書。在此由衷感謝。因此，我要讓這個部門更加茁壯，成爲全日本最理想的工作場所。

感謝幻冬舍的石原康正常務董事給我各種機會，以及身兼戰友與摯友的箕輪厚介。往後也請兩位盡情揮灑創意。正因爲過去有機會實行多項專案，我才能成長至今。

感謝幻冬舍的見城社長。進公司這十五年來，與見城社長所做的一切於我而言獲益良多，是我寶貴的資產。見城社長給我多次機會，讓懵懂無知的我有幸見識廣大世界。甚至在我向見城社長報告決定出版本書時，笑著對我說：「這不是很好嗎！去寫一本絕對大賣的書吧！」那一刻，我永生難忘。

「設樂的名氣愈來愈大，也會給公司帶來豐厚的利潤。所以啊，你放手去做想做的事吧。」

聽了這番話，我唯有盡心做好公司的工作，同時深深感謝公司大力支持我在外部的活動。這麼好的社長，全世界唯獨見城先生了。

我絕對會更努力，讓公司獲得更多利潤，並且超越自我。

感謝同爲折疊者的好搭檔、與我一起辦活動的NewsPicks的野村高文先生。與野村先生一起以「折疊者」身分參與的活動，改變了我的人生。本書也囊括了我從野村先生身上學到的許多訣竅。這本書便是我們兩人的書。希望我們往後也一起將「折疊者」發揚光大。

最後要感謝讀完本書的讀者。

不必操之過急。工作生涯猶如一場漫長的馬拉松比賽。起跑便全力衝刺，結果只在一開始衝到第一也沒用。就算在前半段賽程中位居領先群，但是後繼無力而在半途退出比賽也沒有意義。

但願本書囊括的訣竅，能在磨練工作實力以及訓練持久力上略盡棉薄之力，幫助你跑完這趟漫長的職涯賽程。

本書也許無法立即改變你的未來。但是照著書中所寫的努力不懈地穩步實踐，我深信終有一天會如願從事眞正想做的工作。

設樂悠介

VWJ0031

折疊者思維

做個好軍師，將領導者天馬行空的發想落實，成為不可或缺的得力助手

作　者—設樂悠介（Shidara Yusuke）
主　編—林潔欣
企　劃—王綾翊
美術設計—李佳隆
內頁排版—游淑萍
董事長—趙政岷
出版者—時報文化出版企業股份有限公司
一〇八〇一九臺北市和平西路三段二四〇號三樓
發行專線—（〇二）二三〇六—六八四二
讀者服務專線—〇八〇〇—二三一—七〇五
（〇二）二三〇四—七一〇三
讀者服務傳真—（〇二）二三〇四—六八五八
郵撥—一九三四四七二四時報文化出版公司
信箱—一〇八九九臺北華江橋郵局第九九信箱
時報悅讀網—http://www.readingtimes.com.tw
法律顧問—理律法律事務所 陳長文律師、李念祖律師
印　刷—勁達印刷股份有限公司
一版一刷—二〇二一年三月十九日
定　價—新臺幣三二〇元
（缺頁或破損的書，請寄回更換）

折疊者思維：做個好軍師，將領導者天馬行空的發想落實，成爲不可或缺的得力助手 / 設楽悠介著；莊雅琇譯 . -- 一版 . -- 臺北市：時報文化出版企業股份有限公司 , 2021.03
面；公分 . -
譯自：「畳み人」という選択：「本当にやりたいこと」ができるようになる働き方の教科書
ISBN 978-957-13-8655-3（平裝）
1. 職場成功法 2. 生活指導
494.35 110001934

ISBN 978-957-13-8655-3
Printed in Taiwan